# 放射線の科学
## 生体影響および防御と除去

小澤俊彦・安西和紀・松本謙一郎 著

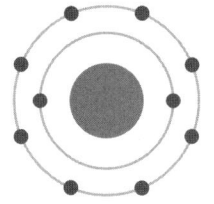

東京化学同人

# 序

　2011年3月11日の東日本大震災により生じた東京電力福島第一原子力発電所の事故により，大量の放射性物質が環境中に放出された．初期には半減期の短い放射性ヨウ素が，それ以降は半減期の長い放射性セシウムによる人体への影響が懸念される状況である．放射能汚染，それに伴う人体への影響に関してはさまざまな意見が出ている．中には明らかに風評による影響もあり，いたずらに不安感を醸し出している状況もみられる．これはおそらくは，放射線や放射能に対してほとんど知識がないことによるのではないかと思われる．

　これまで，我が国では，唯一の被爆国という不幸な事情，その中には第五福竜丸の被ばく事故も含まれるが，近年のチェルノブイリ原発事故，JCO臨界事故などの影響で，核アレルギーが強く存在している．世間一般では，放射能や放射線というと単に危険なものとしてひとくくりで認識されている．驚くべきことに，放射線と放射能の区別のできない学生も非常に多い．医歯薬学教育の場でも，放射あるいは放射線という名のつく講座はきわめて少ないというのが実情である．我が国の小中学校において，放射線や放射能に関する理科教育が十分行われているかといえば，これもいささか疑問である．放射能とは放射線を出す能力，あるいはその能力をもつ物質のことで，物理量としては単位時間当たりに起こる放射壊変の数と定義される．

　放射線は，実はきちんとコントロールされた状態で使用されたとき，多方面にきわめて有用である．たとえば，医療では，リニアック（直線加速器）からのX線や電子線，コバルト-60によるγ線，陽子線や重粒子線の照射による癌治療が行われ，また中性子を照射する中性子捕捉療法などが知られており，かなりの治療効果をあげている．農業の分野では，害虫駆除や，作物，植物の品種改良などにも放射線が有用である．身近な例では，国内外で航空機を利用する際，手荷物検査ではX線が非破壊検査法で使用されている．このように，放射線は我々の日常生活に実に大きく貢献するものであることは広く認識される必要がある．そのためには，しっ

かりとした教育プログラムが大変重要であるといえよう．

　本書は，正しく放射線や放射能を理解してもらうことを基本理念とし，わかりやすく，また最新の情報も含めて，放射線の基礎から人体影響，防御，除去方法まで具体的事例を含め総合的に解説した．学部学生の教科書としても，また放射線をこれから教える先生方にも参考になる書と考える．

　2012 年 10 月

小　澤　俊　彦

# 目　次

**1章　放射線の基礎** ……………………………… 小澤俊彦 … 1
1・1　X線と放射能の発見 …………………………………………… 1
1・2　原子の構造 ……………………………………………………… 5
1・3　同位体 …………………………………………………………… 6
1・4　放射線とは ── 種類と性質 …………………………………… 7
　　1・4・1　電磁放射線 …………………………………………… 11
　　1・4・2　粒子放射線 …………………………………………… 13
1・5　放射線の働き …………………………………………………… 15
　　1・5・1　蛍光作用 ……………………………………………… 15
　　1・5・2　写真作用 ……………………………………………… 15
　　1・5・3　電離作用 ……………………………………………… 16
　　1・5・4　トレーサー法 ………………………………………… 16
1・6　放射線の単位 …………………………………………………… 17

**2章　放射線の測定** ……………………………… 松本謙一郎 … 19
2・1　写真作用を利用する検出 ……………………………………… 19
　　2・1・1　X線写真 ……………………………………………… 21
　　2・1・2　オートラジオグラフィー …………………………… 22
　　2・1・3　フィルムバッジ ……………………………………… 23
2・2　電離作用を利用する検出 ……………………………………… 23
　　2・2・1　気体の電離作用を利用する検出 …………………… 24
　　2・2・2　固体の電離作用を利用する検出 …………………… 29
2・3　蛍光作用を利用する検出 ……………………………………… 32
　　2・3・1　シンチレーションカウンター ……………………… 32

2・3・2　イメージングプレート ……………………………………… 33
　　　2・3・3　熱ルミネッセンス線量計 …………………………………… 35
　2・4　その他の作用を利用する検出 ……………………………………… 35
　　　2・4・1　化学作用を利用する検出 ………………………………… 35
　　　2・4・2　ガラスバッジ（蛍光ガラス線量計）…………………………… 36
　　　2・4・3　放射線が目で見える霧箱 ………………………………… 36
　　　2・4・4　放射線によるフリーラジカルの生成をみる ……………… 37
　2・5　放射線に関係ある単位 …………………………………………… 39
　　　2・5・1　放射線の量の単位 ………………………………………… 39
　　　2・5・2　放射能の単位（放射性核種の量を表す単位）…………… 41
　　　2・5・3　放射線による生体影響を考慮した単位 ………………… 42

**3章　環境中の放射線：天然放射線，人工放射線** … 松本謙一郎 … 45
　3・1　環境の中の放射線 …………………………………………………… 45
　3・2　体内の天然放射能 …………………………………………………… 49
　3・3　人工原子核反応によってつくられる人工放射性核種 …………… 50
　3・4　放射線発生装置によってつくられる放射線 ……………………… 51

**4章　放射線の生体影響** ……………………………… 小澤俊彦 … 55
　4・1　放射線による活性種の生成とその作用 …………………………… 56
　4・2　放射線による細胞影響 ……………………………………………… 57
　4・3　放射線による人体影響と生体障害 ………………………………… 59
　　　4・3・1　自然界および人工放射線からの被ばく ………………… 59
　　　4・3・2　人体内放射性核種の線量 ………………………………… 60
　　　4・3・3　被ばく量による障害の相異 ………………………………… 61
　　　4・3・4　組織による障害の相異 …………………………………… 62
　4・4　吸収線量と等価線量，実効線量 …………………………………… 63
　4・5　確定的影響と確率的影響 …………………………………………… 65
　　　4・5・1　確定的影響 ………………………………………………… 65
　　　4・5・2　確率的影響 ………………………………………………… 65
　4・6　放射線障害の症状 …………………………………………………… 66
　　　4・6・1　急性障害 …………………………………………………… 66

4・6・2　晩発障害 …………………………………………… 68
　4・6・3　胎児への影響 ………………………………………… 68
　4・6・4　遺伝的影響 …………………………………………… 69
4・7　放射性物質の生体内挙動と標的組織 ……………………… 69
　4・7・1　放射性ヨウ素 ………………………………………… 69
　4・7・2　放射性セシウム ……………………………………… 70
　4・7・3　放射性ストロンチウム ……………………………… 70

# 5章　放射線被ばくと防御 ……………………… 安 西 和 紀 … 73
5・1　人体に対する放射線の作用 ………………………………… 73
5・2　確定的影響と確率的影響 …………………………………… 73
5・3　放射線障害に影響を与える因子 …………………………… 75
5・4　外部被ばくと内部被ばく …………………………………… 76
　5・4・1　外部被ばくの特徴 …………………………………… 76
　5・4・2　外部被ばくの防護 …………………………………… 77
　5・4・3　内部被ばくの特徴 …………………………………… 78
　5・4・4　内部被ばくの防護 …………………………………… 79
5・5　被ばく線量とリスク ………………………………………… 81
5・6　被ばく線量の測定 …………………………………………… 83
　5・6・1　外部被ばく線量の測定 ……………………………… 83
　5・6・2　内部被ばく線量の測定 ……………………………… 84
5・7　放射線防御剤 ………………………………………………… 85
　5・7・1　放射線防御剤の作用機構 …………………………… 86
　5・7・2　放射線防御剤の分類 ………………………………… 88
　5・7・3　放射線防御剤の例 …………………………………… 88

# 6章　放射性物質の体内除去 …………………… 安 西 和 紀 … 91
6・1　一般的な体内除去法 ………………………………………… 91
　6・1・1　消化管での吸収低減化 ……………………………… 92
　6・1・2　利尿剤 ………………………………………………… 93
　6・1・3　気管支肺胞洗浄 ……………………………………… 93
　6・1・4　阻害と希釈 …………………………………………… 93

6・1・5　キレート剤 …………………………………………… 93
6・2　代表的な放射性核種の体内除去法 ……………………………… 95
　　6・2・1　放射性ヨウ素 ………………………………………… 95
　　6・2・2　放射性セシウム ……………………………………… 98
　　6・2・3　放射性ストロンチウム …………………………… 100
　　6・2・4　プルトニウム ……………………………………… 102

**参考文献** ………………………………………………………………… 105
**索　引** …………………………………………………………………… 107

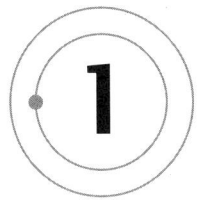

# 放射線の基礎

　レントゲンのX線の発見からわずか100年あまりが経ったにすぎない．しかし，この間に医療分野では病気の発見や治療に多大の貢献を果たしてきた．一方，放射線の発見もほぼ同時期であったが，その後いろいろな放射線の存在が明らかにされてきた．放射線を出す物質を放射性物質，放射線を出す能力を放射能というが，放射線が人類へさまざまな影響を与えていることは間違いない．

　ここでは，X線と放射能の発見，放射線あるいは放射能とはどのようなものなのかを概説したい．

## 1・1　X線と放射能の発見

　**a．X線の発見**　　1895年（明治28年）11月，ドイツのヴュルツブルグ大学の物理学教授であった**レントゲン**（Wilhelm Conrad Röntgen, 図1・1 a）は，陰極線の研究中，真空管の一種であるクルックス管とよばれる装置に電流を流す実験をしていたとき，離れた所に置いてあったスクリーンが発光することに気づいた．そこで，クルックス管を黒い紙で覆って電流を通したところ，やはりスクリーンは発光した．このスクリーンには蛍光物質であるシアン化白金バリウムが塗られていた．この現象からレントゲンは，クルックス管から目には見えないが，ガラス管と黒紙を通り抜けシアン化白金バリウムを光らせる不思議な性質をもった光線のようなものが出ていると考

えて，数学でわからない未知数を X（エックス）とすることに倣い，X 線（エックス線）と名づけた．

レントゲンは，X 線が厚い辞書を貫くことを発見し，妻の手の X 線写真を撮ってみせた．そこには指の骨と指輪が鮮明に写っていた（図 1・1 b）．

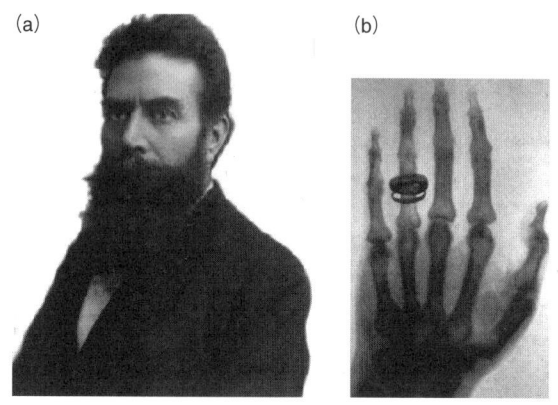

図 1・1　レントゲン（a）とその夫人の手の X 線写真（b）

レントゲンはこの功績で 1901 年に第 1 回のノーベル物理学賞を受賞した．この X 線はクルックス管から発しているため，人工の放射線ということになる．

**b. 放射性物質（ウラン）と放射線の発見**　X 線が発見された翌年（1896 年）にパリ工科大学の物理学教授であった**ベクレル**（Antoine Henri

図 1・2　ベクレル

Becquerel，図1・2）は，ウラン化合物から光線のようなものが出てきて，写真作用や蛍光作用をもつことを発見した．ベクレルは，前年に発見されたX線に性質が似ているが，X線のような装置を使うわけではなく，ウラン化合物そのものから出ているので，X線とは違うものと考え，これを**ベクレル線**と名づけた．

**c. 放射性元素（ポロニウム，ラジウム）の発見**　　マリー・キュリー（Marie Curie，図1・3右）はベクレルの論文に興味をもち，夫の**ピエール・キュリー**（Pierre Curie，図1・3左）とともに，ウラン鉱物に化学的な処理をしてベクレル線を出す物質の分離を行った．そしてベクレル線を出す未知物質はウラン化合物よりも感光作用が数倍強い2種類の混合物であることを見いだし，1898年にその一つを分離して，新しい元素を得ることに成功した．

図1・3　キュリー夫妻と娘のイレーヌ

マリー・キュリーは，このウラン化合物よりも400倍も強い感光作用をもつ元素に対して祖国ポーランドを記念し，ポーランドのラテン名である*Polonia*から**ポロニウム**と名づけた．

キュリー夫妻はポロニウムの発見後，さらにもう一つの新しい物質の研究を続け，1898年の年末に塩化バリウムとともに分別されてくる新しい元素を発見した．キュリー夫妻は，ウラン化合物よりも250万倍も感光作用の強いこの元素に対してラテン語で"放射"を意味する *radius* から，**ラジウム**と名づけた．キュリー夫妻はベクレルとともに1903年にノーベル物理学賞を受賞した．

マリー・キュリーは感光作用や蛍光作用，あるいは電離作用を示す能力に対して，1898年に初めて**放射能**と名づけた．また，放射能をもつ物質（**放射性物質**）から出るものを**放射線**とよぶことにした．

**d. α線，β線の発見**　　1898年，ラザフォード（Ernest Rutherford，図1・4）は，透過力の違いから2種類の放射線があることに気付き，α線, β線と名づけた．

図1・4　ラザフォード

さらに磁場中でのそれらの挙動から，α線は正の，β線は負の電荷をもつこと，またヴィラール（Paul Ulrich Villard）の発見していた透過性が高く電荷をもたない第三の放射線が電磁波であることを証明し，γ線と名づけた．後に，α線がヘリウムの原子核であることも明らかにした（表1・1）．ラザフォードは1908年にノーベル化学賞を受賞した．

放射線の発見と研究は同時に原子の内部構造を解き明かし，現代の物理学と化学の基本概念を構築することとなった．

表1・1 放射線発見の歴史

| 発見年 | 発見者 | 事項 |
|---|---|---|
| 1895 | レントゲン | X線発見（人工放射線） |
| 1896 | ベクレル | ウラン化合物から放射線発見（天然放射線） |
| 1898 | キュリー夫妻 | 放射性元素ポロニウム，ラジウムの発見 |
|  |  | 放射能，放射線を命名 |
|  | ラザフォード | 透過性の異なる2種の放射線，α線とβ線の発見 |
| 1900 | ヴィラール | γ線の発見（命名はラザフォード） |
| 1903 | ラザフォード | 放射壊変説 |
| 1908 | ラザフォード | α線がヘリウムイオンであることを証明 |
| 1911 | ラザフォード | 原子核の発見 |
| 1914 | ラザフォード | γ線が電磁波であることを証明 |

## 1・2 原子の構造

物質は**原子**からできており，原子は**原子核**と**電子**から成り立っている（図1・5）．さらに原子核には**陽子**と**中性子**が存在している．原子核は正の電荷

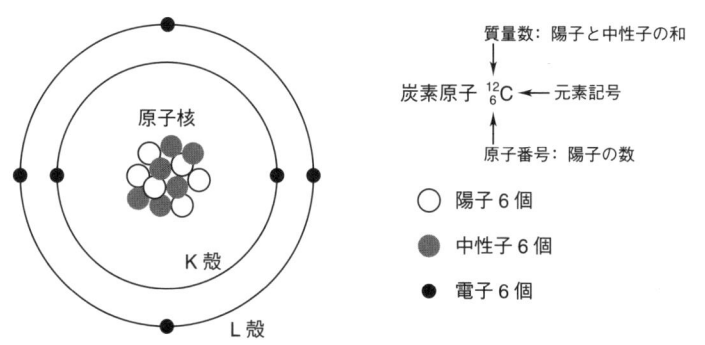

図1・5 原子の模式図（炭素原子の例）

をもち，その周りを負の電荷をもつ電子が回っている．原子の電子数は原子核内の陽子の数に等しい．この電子の数，すなわち陽子の数が**原子番号**である．また，原子核を構成している中性子と陽子の質量はほぼ同じであり，電子の質量の約1800倍も重いので，原子の質量の大半は原子核である．陽子

と中性子の数の合計を**質量数**とよぶ．原子核の中の陽子数が増えると，周りを回る電子の数も増える．電子の回る軌道は**主殻**（原子核に近い方からK殻，L殻，M殻……）とよばれる．正電荷と負電荷は引き合うので，電子はできるだけ原子核に近い内側の軌道を回ろうとする．しかし，反発する電子どうしを狭い空間にたくさん詰めることはできない．そこで，内側の軌道が満たされると，次の電子は一つ外側の軌道に入る．いちばん外側の電子殻の電子を**最外殻電子**（価電子）とよび，元素の化学的性質に密接に関連している．

原子核の種類（核種）は原子番号（陽子数）と質量数（陽子数＋中性子数）で決まる．陽子と中性子の数のバランスが悪い不安定な放射性核種は過剰なエネルギーを放射線として放出して，安定な別の核種に変化する（親核種→娘核種＋放射線）．この現象が**放射壊変**で，重要な放射壊変には，ヘリウム（He）原子核に相当するα粒子（陽子2個と中性子2個）を放出する**α壊変**と，陽子と中性子が電子によって互いに変換する**β壊変**がある．核分裂もまた放射壊変の一形式である．

## 1・3 同 位 体

天然のウラン原子の陽子数は92個であるが，原子核に含まれる中性子の数は142，143，146個の3種類が存在する（存在比はそれぞれ0.0054%，0.7204%，99.2742%）．陽子と中性子の数の和が質量数になるので，それぞれウラン-234（$^{234}_{92}U$），ウラン-235（$^{235}_{92}U$），ウラン-238（$^{238}_{92}U$）とよばれる．これらのウランは質量数は異なっているが，どのウラン原子も周期表の同じ位置にある．同じ（アイソ；iso）位置（トープ；tope）に入っているので**同位体**（アイソトープ；isotope）とよばれる．

水素原子の場合は，一般的な**水素**〔軽水素（$^{1}_{1}H$），存在比99.9885%〕，**ジュウテリウム**〔重水素（D, $^{2}_{1}H$），存在比0.0115%〕，**トリチウム**〔三重水素（T, $^{3}_{1}H$），$^{1}_{1}H$の$10^{-17}$程度〕の3種類の同位体が存在する．このうち，水素と重水素は放射線を出さないので**安定同位体**である．一方，三重水素は放射線を出すので**放射性同位体**（ラジオアイソトープ）である．

今，ここにセシウム-137（$^{137}_{55}Cs$）の原子が1000個あるとすると，これら

はβ線を放出してバリウム-137（$^{137}_{56}$Ba）となる．〔このとき，94.4％はバリウム-137m（$^{137m}_{56}$Ba，半減期2.6分．mは生成した同位体が励起された状態にあることを示す）を経由する．$^{137m}_{56}$Baからγ線が放出される．〕このβ壊変のときにすべての原子が一度に変わるわけではなく，徐々に変わっていく．30年経つと半分の500個が$^{137}_{56}$Baに変わっているが，残りの500個はまだ$^{137}_{55}$Csのままである．このように放射性同位体の数が半分に減る期間を**半減期**という．さらに半減期が経過する（最初からは30×2＝60年）と，さらに半分の250個になる．図1・6には放射性同位体が半減していく様子を示した．

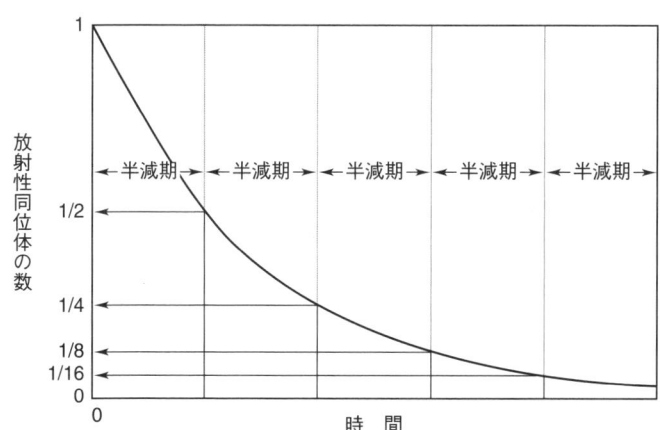

図1・6　放射性同位体の減り方

　半減期は放射性同位体の種類によって大きく異なり，1秒以下のものから百億年以上のものまでさまざま存在している．表1・2には，代表的な放射性同位体の半減期を示してある．

## 1・4　放射線とは――種類と性質
　放射線は，電磁波である**電磁放射線**と，真空中や物質中を粒子が高速で飛んでいる**粒子放射線**に分けられる．

表1・2 放射性核種と半減期[†]

| 天然放射性核種 | | 人工放射性核種 | |
| --- | --- | --- | --- |
| 核種名 | 半減期 | 核種名 | 半減期 |
| T, $^{3}_{1}$H（水素-3） | 12.32 年 | $^{60}_{27}$Co（コバルト-60） | 5.2713 年 |
| $^{14}_{6}$C（炭素-14） | 5700 年 | $^{85}_{36}$Kr（クリプトン-85） | 10.776 年 |
| $^{40}_{19}$K（カリウム-40） | 12.51 億年 | $^{90}_{38}$Sr（ストロンチウム-90） | 28.79 年 |
| $^{222}_{86}$Rn（ラドン-222） | 3.8235 日 | $^{131}_{53}$I（ヨウ素-131） | 8.02070 日 |
| $^{226}_{88}$Ra（ラジウム-226） | 1600 年 | $^{133}_{54}$Xe（キセノン-133） | 5.2475 日 |
| $^{232}_{90}$Th（トリウム-232） | 140.5 億年 | $^{137}_{55}$Cs（セシウム-137） | 30.1671 年 |
| $^{234}_{92}$U（ウラン-234） | 24.55 万年 | $^{239}_{94}$Pu（プルトニウム-239） | 2.411 万年 |
| $^{235}_{92}$U（ウラン-235） | 7.04 億年 | | |
| $^{238}_{92}$U（ウラン-238） | 44.68 億年 | | |

[†] "理科年表 平成24年"，国立天文台編，丸善（2011）による．

電磁波とは電場と磁場からなるエネルギーを伝える波であり，その速度は光と同じで真空中では約 $3×10^8$ m/s である（光も電磁波である）．電磁波には γ 線や X 線に加え，紫外線，可視光線，赤外線，マイクロ波，ラジオ波がある．すなわち，広義にはこれらすべてが放射線である．その中で波長の短い γ 線や X 線（および短波長領域の紫外線）は，分子中を通過するとき軌道電子をはじき出してイオン化する**電離作用**（図1・7）をもつ．粒子放

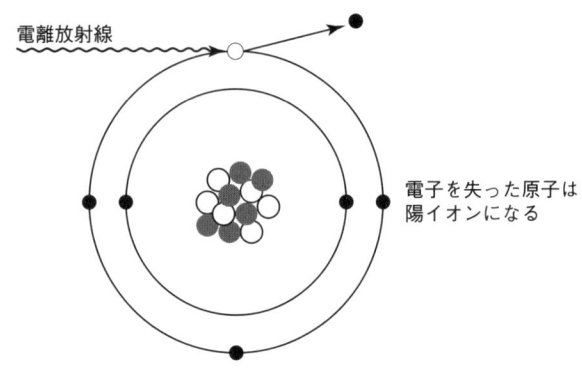

図1・7 電 離 作 用

## 1・4 放射線とは——種類と性質

射線も電離作用をもち，一般にはこの電離作用をもつ電離放射線を単に放射線とよんでいる．

一方，軌道電子が原子からはじき出されず，外側の軌道に跳び移るとき，原子は電気的に中性のまま興奮状態になる．これが**励起**であり，励起された原子では，外側の軌道電子が内側の空いた軌道に移ろうとする．軌道電子のもつエネルギーは内側の軌道ほど小さいので，電子は余分なエネルギーを光（電磁波）として放出する．これが蛍光やX線である．

粒子放射線には電荷をもつ**荷電粒子放射線**（α線，β線，電子線，陽子線，重粒子線）と電荷をもたない**非荷電粒子放射線**（中性子線）がある．表1・3におもな放射線の種類をまとめて示してある．

表1・3 電離放射線の種類

| 分類 | 名称 | 実体 | 放射線源 |
|---|---|---|---|
| 電磁放射線 | X線 | 電磁波 | 原子核外からの放射 |
| | γ線 | 電磁波 | |
| 粒子放射線 | 荷電粒子放射線 | | 放射壊変などにより原子核内から放出 |
| | α線 | ヘリウム原子核 | |
| | β線 | 電子 | |
| | 陽電子線 | 陽電子 | |
| | 電子線 | 電子 | 加速器などによる（人工） |
| | 陽子線 | 陽子 | |
| | 重粒子線 | 重陽子，重イオン | |
| | 非荷電粒子放射線 | | |
| | 中性子線 | 中性子 | |

放射線は光と同様に，放射性物質から全方向に均一に放出される（等方性）．また，放射線の密度（線量率）は放射性物質からの距離の2乗に反比例する（図1・8）．放射線が物質の中を通過するとき，電離作用などさまざまな働きをするが，その際に放射線のエネルギーは次第に物質の中に吸収されて減衰していく．放射線が吸収される度合いは，放射線の種類やエネルギーの大きさ，放射線が通過する物質などにより違ってくる．

1. 放射線の基礎

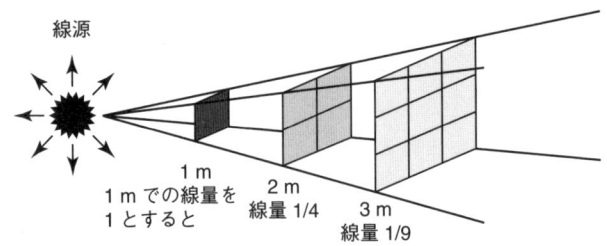

図1・8　放射線の逆二乗則

　α線の本体であるα粒子は陽子2個と中性子2個からなるヘリウムの原子核で，大きく重い．α粒子のもつエネルギーも大きいので，物質の中を直進するが，電離作用が放射線の中で最も強く物質中をわずかに進んだ所でエネルギーを失う．そのため，α線は大変吸収されやすく，紙1枚で止めてしまうことができる．しかし，その電離作用の強さのため，α線を出す物質を体内に取込んだ場合の内部被ばくには注意が必要である．

　β線の本体は電子であり，その重さはα粒子のおおよそ1/7000なので，物質中を通るときにその物質の原子核や軌道電子と影響を及ぼしあって，

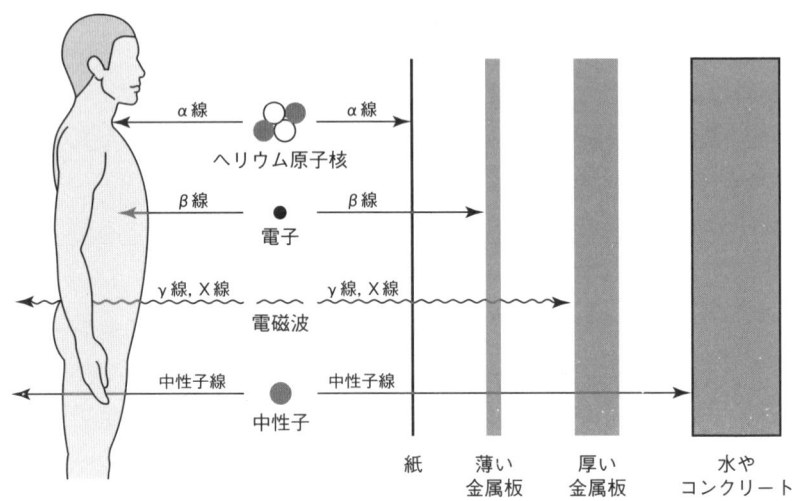

図1・9　放射線の透過力

真っ直ぐ進めない．β線もエネルギーを失うが，α線に比べるとかなり小さく，一気にエネルギーを失うことはない．したがって，α線と比べてエネルギーを失うまでに長い距離を移動し広範囲に影響を及ぼす．

　γ線は電磁波なので，荷電粒子線であるα線やβ線と比べると物質を透過する能力は高い．人体も完全に貫通し，内部器官を損傷する．

　**中性子線**は電荷をもたないため，物質の軌道電子と相互作用することがなく透過力が強い（直接の電離作用はない）．物質に当たると，原子の原子核と衝突を繰返してエネルギーを失っていく．特に中性子とほぼ同じ質量の水素原子核との衝突によってエネルギーを失い減速する．図1・9には，放射線の透過力を模式的に示してある．

　ここで，電磁放射線と粒子放射線のそれぞれについてもう少し詳しく述べてみたい．

### 1・4・1　電磁放射線

**a. X　線**　X線には，原理的に異なる2種類のX線がある．電子は原子核に引き寄せられて向きを変えるときにエネルギーの一部をX線として放出して速度が遅くなる．これは，負の電荷をもつ電子が正の電荷をもつ原子核の近くを通ると，電気力が働き，軽い電子が原子核に引き付けられることによる．制動をかけられて速度を落とすので，このX線を**制動X線**とよぶ（図1・10）．病気の診断や治療に使われるX線発生装置は，この原理でX線を発生させている．

　制動X線は**連続X線**ともよばれる．出てくるX線のエネルギーが連続的に分布するので，X線は連続的なスペクトルとして現れる．

　一方，**特性X線**は，制動X線とまったく異なる原理で放出される．高エネルギー粒子を気体や金属に当てると，物質の構成原子の電子軌道の内殻にある電子がはねとばされて空席ができ，この空席に外殻の電子が跳び移る．このときに出てくるエネルギーをX線として放出する（図1・10）．このように内殻と外殻の軌道のエネルギー準位によって定まる特性をもつので特性X線とよばれる．

　特性X線は制動X線と異なりエネルギー分布が不連続である．空席の

あった内殻と外側の外殻とのエネルギー準位の差は決まっているので，そのエネルギー分布は連続ではなく一定のエネルギーを示す線となる．エネルギー分布が不連続であると**線スペクトル**になる．特性値をもつ波長は特定の位置に線スペクトルとなって現れる．

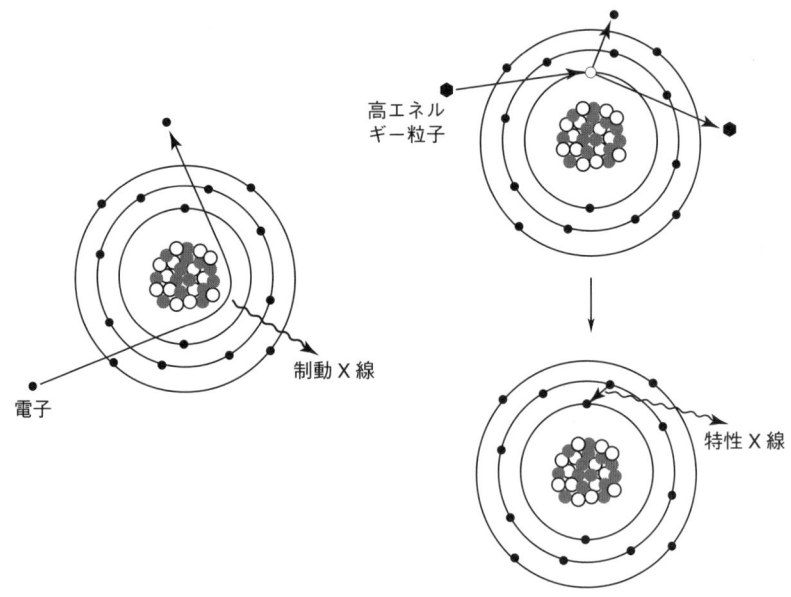

図1・10　制動X線と特性X線

**b. γ　線**　γ線はX線とは波長領域の一部が重なっており，波長からγ線かX線かを区別することはできない．γ線とX線との区別は波長ではなく発生機構の違いによる．正式には，原子核内のエネルギー準位の遷移を起源とするものをγ線とよび，軌道電子の遷移を起源とするものをX線とよぶ．

放射性核種が崩壊してα線やβ線を放出した後，その原子核には過剰なエネルギーが残存している場合がある．このとき，残存しているエネルギーをγ線として放出することで安定な原子核に向かう．放出するγ線のエネルギー領域は放射性核種によって異なる．また，放射性核種によっては単一領域のγ線しか出さないものもあるが，通常は複数領域のγ線を出す．

## 1・4・2 粒子放射線

電子や陽子など電荷をもって非常に速く動いている粒子の流れが荷電粒子線で，α線，β線などがある．一方，電荷をもっていない中性粒子の流れが非荷電粒子線で，中性子線がそれにあたる．

**a. α線** α線は，陽子2個と中性子2個からなる，α粒子とよばれる $^{4}_{2}He$ の原子核による粒子線である．たとえば，ウラン-238（$^{238}_{92}U$）の原子核はα粒子を放出してトリウム-234（$^{234}_{90}Th$）に変化する．このように，原子核がα粒子を出して，原子番号が二つ少なく，質量数が四つ少ない別の原子核に変化する現象がα壊変である（図1・11）．

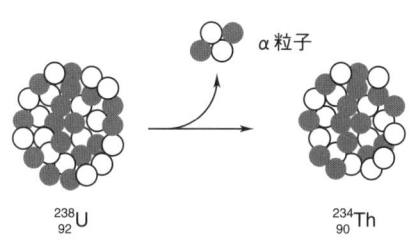

図1・11 α 壊 変

**b. β線** β線は原子核の中から放出される高速の電子の流れである．このとき，原子核の中では，核を構成する中性子の一つが陽子と電子に分裂し，陽子は核内にとどまるが，電子は放出される．この電子による粒子線がβ線である．たとえば，放射性核種であるコバルト-60（$^{60}_{27}Co$）は，自然に原子核から電子をβ線として放出して，ニッケル-60（$^{60}_{28}Ni$）に変わる（図1・12）．これがβ壊変で，β壊変は実際には中性子が電子を放出する**β⁻壊変**，陽子が陽電子（正に荷電した電子）を放出する**β⁺壊変**，軌道電子を原子核に取込み陽子が中性子に変化する**電子捕獲**（electron capture；EC）の三つの壊変形式がある．このうち，β⁻壊変は上に述べた $^{60}_{27}Co$ の例にあるように質量数は変わらないが陽子が増えるために原子番号が一つ増える．一方，β⁺壊変は陽子が陽電子を放出して中性子に変わるため原子番号が一つ減る．この例にはナトリウム-22（$^{22}_{11}Na$）があり，壊変後ネオン-22（$^{22}_{10}Ne$）

となる．電子捕獲では，壊変後の原子は励起状態にあるため，特性X線あるいはオージェ電子が放出される．

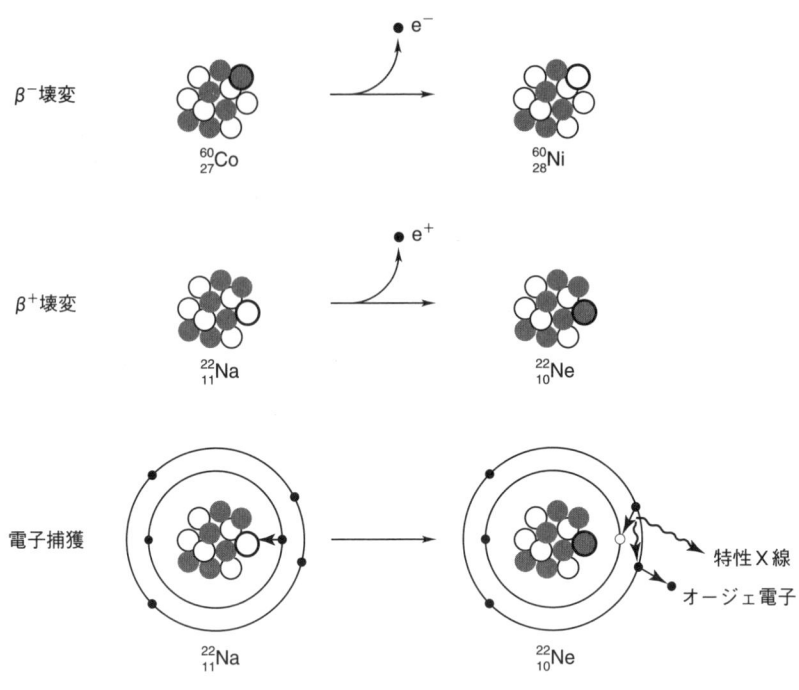

図1・12　β壊変の三つの形式

**c. 中性子線**　中性子線は原子核を構成している中性子の粒子線である．質量数が大きすぎて不安定な原子核はα壊変を起こすことが多いが，二つの小さい原子核に割れることもある．この過程が**核分裂**であり，中性子と多量のエネルギーが放出される．核分裂が自然に起こる**自発核分裂**は非常にゆっくり進み，起こる確率はとても低い．しかし，自発核分裂を起こすような原子核に人為的に中性子を1個吸収させることにより，核分裂を起こすこともできる．これが**誘導核分裂**で，一般には単に核分裂という．核分裂反応により，最初に吸収したよりも多くの中性子が発生するので，反応は自動的に継続する．この連鎖反応を制御して持続的にエネルギーをつくり出して

いるのが原子力発電所であり，制御しないで一挙にエネルギーを放出するのが原子爆弾である．

**d. 電子線，陽子線，重粒子線**　原子核から放出される電子の流れがβ線であり，加速器によりつくられる電子の流れは電子線という．**加速器**とは，荷電粒子を電磁気力により加速し，高エネルギー状態をつくり出す装置で，素粒子研究などの基礎科学の分野から診断，治療などの医学分野まで広く使われている．電子，陽子，原子核（α粒子であるヘリウム原子核より重い炭素，ネオンなどの原子核）を加速して，電子線，陽子線，重粒子線がつくられる．

## 1・5 放射線の働き

放射線が物質に当たると，感光作用などさまざまな働きをする．目に見えない放射能の発見もこの放射線の働きが手がかりになった．

第2章で放射線の作用を詳しく述べるので，ここでは簡単にその働きをまとめるにとどめる．

### 1・5・1 蛍光作用

**蛍光作用**とは，物質に放射線や紫外線などが当たると，その物質に特有な波長の光が放出される現象である．特に放射線による蛍光を**シンチレーション**といい，蛍光を発する物質を**シンチレーター**という．通常シンチレーションはきわめて微弱であるので，光電子増倍管を利用して電流に変えて測定することが多い．放射線測定器である**シンチレーションカウンター**は，この蛍光作用を利用したものである．

### 1・5・2 写真作用

ベクレルが放射能の存在を発見するきっかけとなった放射線の働きが，**写真作用**（感光作用）そのものである．写真乾板に放射線が当たると感光して黒くなる現象で，X線写真はその例である．また放射線作業者が，フィルムバッジを胸につけて被ばく線量を測定しているが，この原理は写真作用を利用したものである．

一方，放射性物質を含んだ物質に写真乾板を当てた後，それを現像すると放射性物質の存在する状態がわかる．このような方法を**オートラジオグラフィー**という．

### 1・5・3 電離作用

**電離作用**とは，放射線が物質中を通過するとき，中性の原子や分子から電子をはじき飛ばしてイオン化する作用である．

目に見えず，体にも感じない放射線の量を測る方法は，ほとんどこの電離作用を利用したものである．その代表的なものは，**ガイガー・ミュラー**(Geiger-Müller; GM) **計数管**（GM カウンター）とよぶ放射線測定器であり，電離によって生じる電子を電気的な信号に変換することで，放射線量を計測する．

また，放射線作業者が被ばく線量を測定するために，万年筆型のポケットチェンバーとよぶ放射線測定器をつけるが，この装置も放射線の電離作用を応用したものである．

### 1・5・4 トレーサー法

同位体は，陽子の数と電子の数が等しい同じ元素なので，化学的には同じ反応や動きをする．この性質を利用して，ある元素の放射性同位体から出てくる放射線を測定したり，追跡することにより，その元素の化学反応や動きを調べることができる．これを**トレーサー法**という．

対象とする物質の中に放射性同位体（トレーサー）を混ぜておき，トレーサーからの放射線を追跡することにより，その物質の挙動を知ることができる．また，放射線の強さを測ると，どれだけの放射性同位体がどこに移動したかがわかる．トレーサー法に用いる放射性同位体は微量で間に合う．

DNAが遺伝子の本体であることは，バクテリオファージの増殖に硫黄-35（$^{35}_{16}$S）やリン-32（$^{32}_{15}$P）といった放射性同位体を用いた実験の結果から明らかにされた．また，DNAの複製の仕組みも，窒素-15（$^{15}_{7}$N）を用いた大腸菌の培養実験から解明された．

## 1・6 放射線の単位

放射線の単位に関しては第2章や第4章で詳しく述べているので，ここでは簡単に概略を示す．

放射線の種類は多岐にわたり，放射線の量を表す単位もいくつかあり，目的によって使い分けている．単位の中には，放射線固有の単位記号 **Gy**（グレイ），**Sv**（シーベルト），**Bq**（ベクレル）が与えられているものもある．放射線の単位は歴史的に変遷があり，R（レントゲン），rad（ラド），rem（レム），Ci（キュリー）は，以前使われていたが，**国際単位**（**SI単位**）でなくなったために使われなくなってきている．たとえば，吸収線量の単位については，以前は rad であったが，現在は Gy となっている．

ベクレル（Bq）は放射能の単位であり，1 Bq は1秒間に1個の放射壊変をする放射性物質の量を表す．なお，Bq が単独で使われることは少なく，単位体積当たりまたは単位重量当たりの放射能の強さを表す Bq/L，Bq/kg などがよく使われる．

放射線の単位には Gy と Sv が用いられる．Gy は物質がどれだけ放射線のエネルギーを吸収したかを表す単位で，1 Gy は物質1 kg 当たり，1ジュール（J）のエネルギー吸収を与える線量である．単位としてはグレイ単独よりその100万分の1（$10^{-6}$）を意味するマイクログレイ（μGy），10億分の1（$10^{-9}$）を意味するナノグレイ（nGy）が通常よく使われる．単位にはミリ（m）やマイクロ（μ）あるいはキロ（k）やメガ（M）などの接頭辞がつ

表1・4 単位の接頭辞

| 接頭辞 | 読み方 | 意味 |
|---|---|---|
| T (tera) | テラ | $10^{12}$ |
| G (giga) | ギガ | $10^{9}$ |
| M (mega) | メガ | $10^{6}$ |
| K (kilo) | キロ | $10^{3}$ |
| m (mili) | ミリ | $10^{-3}$ |
| μ (micro) | マイクロ | $10^{-6}$ |
| n (nano) | ナノ | $10^{-9}$ |
| p (pico) | ピコ | $10^{-12}$ |

いていることが多いので，接頭辞にも注意が必要である．接頭辞の意味を表1・4にまとめた．

　放射線が生体に及ぼす影響は，放射線の種類や組織の感受性によって異なる．Svはこの要素を考慮して補正した吸収線量を表す単位で，具体的には§4・4，§5・5で解説する．単位としては，Sv単独よりその$10^{-3}$を意味するミリシーベルト（mSv），$10^{-6}$を意味するマイクロシーベルト（μSv）が通常よく使われる．

　一方，放射線のエネルギーを表すのに電子ボルト（electron volt; eV）が用いられている．1 eVは電子を真空中で1ボルト（V）の電位で加速したときに電子が得るエネルギーである．ジュール（J）単位で表すと，1 eV = $1.602 \times 10^{-19}$ Jである．

# 放射線の測定

　人間の五感は放射線を感じることができない．我々が放射線の存在を知るためには，何か別の形でそれを検出する必要がある．放射線が物質中を通過するときに，放射線は物質を構成する分子を電離あるいは励起させることができる．この電離や励起に基づいて起こる物理化学的な現象を計測すれば，放射線を検出することができる．要するに放射線を測定するには，放射線と物質との相互作用の結果を観察すればよい．たとえば身近な例では，X線フィルムの感光だろうか．身体を通過してきたX線が写真フィルムを感光してX線写真が撮れるわけだが，これはまさに写真フィルムの黒化によるX線の検出といえる．

　放射線と物質との相互作用には，写真作用の他にも，電離作用，励起作用，化学作用などがある．この章では，それぞれの作用を利用した代表的な検出法の原理と応用例をかいつまんで説明する．放射線の種類やエネルギーによって起こしうる相互作用や頻度が異なるので，測定したい放射線に合った測定法を選ばなければならない．そのためには，あらかじめ放射線と物質との相互作用をよく理解しておく必要がある．

## 2・1　写真作用を利用する検出

　1895年にレントゲンがX線を発見したとき，彼はその新しい放射線の物理的な性質を2カ月間で調べ上げ3報の論文にまとめた．その過程で写真乾

板を感光させる作用を見つけ,自分の妻の手のレントゲン写真を撮影した(図1・1参照).この写真はレントゲンの論文の添付資料として論文とともに提出されたといわれている.続いて1896年にベクレルはウラン化合物から写真乾板を感光させる放射線が出ていることを発見した.これが放射能の発見である.このように放射線の**写真作用**は放射線の発見当時から知られており,発見当初から放射線検出法として利用されてきた.

写真乾板とはハロゲン化銀を含む写真乳剤を塗ったガラス板で,写真乳剤中を放射線が通過するとハロゲン化銀が還元されて銀粒子が析出する.析出する銀はごく少量なので,このままでは何も見えない(**潜像**という).そのため適当な量まで銀粒子を成長させて可視化,つまり**現像**する必要がある.感光した写真乳剤を現像すると黒化する.さらに感光していないハロゲン化銀を取除き,黒化した部分の銀粒子を固定すれば,いわゆる写真となる.写真作用を利用する方法には,**ラジオグラフィー**(図2・1a)や,**オートラジオグラフィー**(図2・1b)がある.

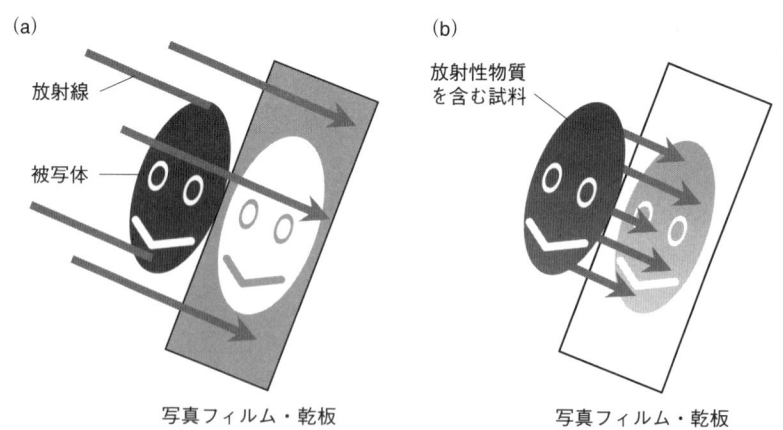

図2・1 (a) ラジオグラフィーと (b) オートラジオグラフィー

ラジオグラフィーは,X線やγ線を被写体に照射して,被写体を通過してくるそれらの放射線を写真に撮り,被写体内部の様子を調べる方法である.

オートラジオグラフィーでは,試料から出ている放射線で写真フィルムなどを感光し,試料内の放射性物質の分布やその量を調べる.

写真フィルムや写真乾板による放射線の可視化は比較的簡便な放射線の検出法であるといえるが,写真作用は光によっても同様に起こるため,写真作用を観察するには暗室での操作が不可欠である.また乳剤中の銀の量も有限であるため,黒化の程度にも限りがあり,測定できる放射線の最大量には限度がある.さらに放射線量と黒化の程度が比例するような放射線量の範囲も限られる.そのため定量的なほどよい黒化を得るには,測定する試料から出る放射線の種類や強さをあらかじめある程度は知っておかなければならない.それには予備試験をするか,あるいは別の方法で放射線を測定し,適当な露出時間や現像条件などを決めておく必要がある.また放射線の種類に応じて,最適な写真乳剤やフィルムあるいは乾板を選んで使用することが重要である.

## 2・1・1 X線写真

**X線写真**は代表的なラジオグラフィーで,医療や工業の分野での**非破壊検査**として欠かせないものとなっている.X線の他にも,γ線や中性子線を使用したラジオグラフィーがある.X線とγ線は波長の短い電磁波であり,光と同じく光子という非荷電の粒子とみなすことができ,中性子線は電荷をもたない粒子線である.これらは間接電離放射線であり,いずれも物質との相互作用が比較的小さく,透過性の大きい放射線である.

X線はそもそも物質を透過しやすいため,**X線フィルム**はX線を感度良く検出するために写真用のフィルムとは構造が異なる.X線フィルムには一般にフィルムの両面に写真乳剤が塗られており,写真乳剤中のハロゲン化銀の含有率も高い.医療におけるX線診断では,患者の被ばくをできる限り少なくする工夫が必要であり,さらに感度を増すための工夫がなされている.密度の大きい物質にエネルギーの高いX線を照射すると,その物質から二次電子が放出される.二次電子も写真乳剤を感光させるので,X線フィルムの両面にそのような物質を密着させておけば,結果として露出時間を短縮することができる.一般には鉛箔を張り付けた台紙をフィルムの両面に配置す

る（**鉛箔増感紙**）．またX線が当たると蛍光を発する物質を台紙に塗布し，これをフィルムの両面に配置しておけば，蛍光により写真乳剤が感光して大きな増感が得られる（**蛍光増感紙**）．上記2種類の増感紙を組合わせたものもある．

### 2・1・2 オートラジオグラフィー

　放射性物質を含む試料やそれが付着した試料に写真乾板やフィルムを密着させて感光させ，黒化した部位から，放射性物質の存在部位を調べる手法をオートラジオグラフィーという．医歯薬学の分野では，オートラジオグラフィーの手法を用いて，放射性物質で標識した薬剤などが動物体内のどこへ分布するかを調べている．あるいは農学の分野でも，放射性元素などを植物の根から取込ませて，植物内に元素がどのように分布するかを調べている．またDNAやタンパク質などの生体成分を放射性物質で標識し，薄層クロマトグラフィーや電気泳動で分離して，そのスポットの位置を解析する際にもオートラジオグラフィーが使われる．

　オートラジオグラフィーで試料内の放射性物質の分布と量を調べるときに，試料が蛍光を発する場合も多いので，試料からの放射線のみを測定するため試料と写真フィルムの間に光の通らない物を置く必要がある．この目的で試料と写真フィルムとの間に入れる物質は薄い方がよく，また二次電子の生成を防ぐため密度の小さい物質がよいので，黒い紙が適している．放射線の出る方向は実際にはランダムで，試料と写真フィルムとの間のすき間が大きいと斜め方向からの放射線が増えてその分だけ画像がぼける．また試料が厚い場合もその分だけ画像がぼける．厚い試料ではさらに試料内部での放射線の散乱も起こるようになるので，これも画像のぼけやノイズの原因となる．そのため試料は薄い方がよいが，薄くすればその分だけ試料中に含まれる放射性物質の量も少なくなるので感度が低下し，長い露出時間が必要になる．試料の厚みは30 μmくらいが適当である．

　このようにオートラジオグラフィーは，スライス状あるいは板状の試料に写真乾板やフィルムを密着させて感光させる手法であり，最近では写真フィルムや写真乾板の代わりに§2・3・2で述べるイメージングプレートを用い

ることも多い．イメージングプレートは放射線の励起作用を利用した検出法である．

### 2・1・3　フィルムバッジ

写真乾板の黒化の量は放射線から与えられた電離エネルギーに対応するので，**個人線量計**として広く使用されている．放射線作業者は放射線作業時に**フィルムバッジ**とよばれる個人線量計を着用して，一定期間（1カ月）ごとに中の写真フィルムの黒化度を測定して被ばくの程度を調べている．フィルムバッジもオートラジオグラフィーの一種といえる．フィルムバッジと並んで**ガラスバッジ**とよばれる個人線量計も普及している．ガラスバッジについては§2・4・2で詳しく述べるが，これは励起作用を利用したものである．

フィルムバッジのケース内には黒い紙で包んだ写真フィルムが入っていて，ケースの前面には開放窓といくつかの厚さの異なるプラスチックフィルター窓，およびアルミニウム＋プラスチック，銅＋プラスチック，スズ＋鉛＋プラスチック，カドミウム＋鉛＋プラスチックのフィルター窓がある．これらのフィルター窓を通過した放射線は窓材料でエネルギーを奪われた後，中のフィルムに到達するので，1 枚のフィルムで β 線，γ 線および中性子線による 0.1 mSv から 10 Sv までの比較的広い範囲の測定ができる．カドミウムのフィルターは熱中性子と反応して γ 線を放出するので，この部分のフィルムの黒化から**熱中性子線**による被ばくも測定できる．

## 2・2　電離作用を利用する検出

放射線が分子中を通過するとき，軌道電子をはじき出して電子と陽イオンをつくり出す（図 1・7 参照）．この電離作用によって生成した電子と陽イオンの対のことを**イオン対**とよぶ．生じた電子と陽イオンは，そのままでは再び引き付け合って結合し，中性分子に戻ってしまう．しかし，電極を用いて外部から与えられた電界の中で電離が生じた場合には，電子と陽イオンがそれぞれ反対の電極へ向けて移動し，それぞれが電極へ到達することによって瞬間的に電気が流れる．これを**電離電流**とよぶ．このような短い電流波形をパルスというが，この**パルス電流**を検出することによって，電極間に入射し

た放射線を測定することができる．電子と陽イオンでは，陽イオンの方が電子よりも移動速度が 1/1000 程度と遅いので，一般的な検出器では電子の捕集によって生じる速いパルスのみを検出している．簡単にいうと，1 回放射線を検出するごとに短い電流が流れる仕組みになっている．これをスピーカーにつなげば短い雑音が生じ，音による認識ができる．昔の特撮映画などで放射線検出器が"ガガガ"と音を出すシーンを見たことはないだろうか．これは連続的に放射線を検出した結果の音である．最近の検出器ではこれを短い電子音に変換しているので，"ピッピッ"という音の方が今ではむしろ"放射線の音"という印象がある．

### 2・2・1 気体の電離作用を利用する検出

電界に置いた気体を電離させて放射線を検出するいくつかの検出器が広く使われている．電離作用が強い α 線と β 線に対しておもに用いられる．基本的な検出器の形状としては，正負の電極が平行面状のもの（図 2・2 a）と，円筒容器状の陰極の中心に針状の陽極を張ったもの（図 2・2 b）があ

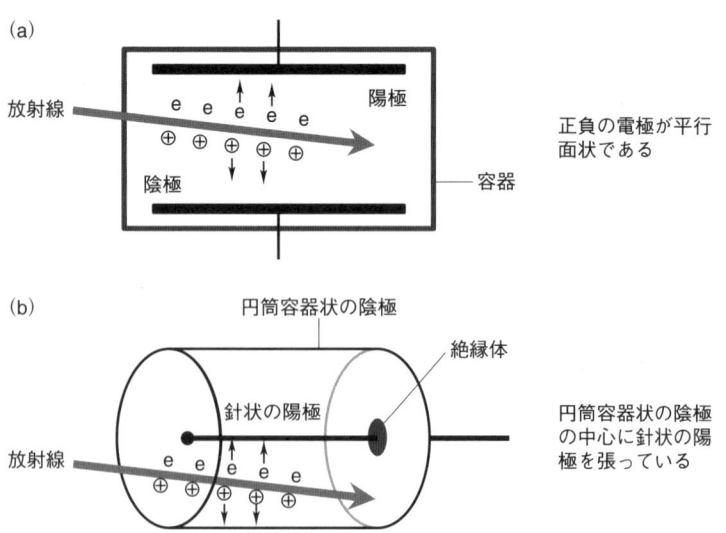

図 2・2　気体の電離作用を利用した検出器の基本的な構造

る．気体を封入した容器内に平行電極が置かれるか，あるいは円筒容器内に気体が封入されており，陽極と陰極は絶縁されている．陽極と陰極の間に電流を流そうとすると，電極間に電圧がかかり円筒内に電界が生じる．両極にかける電圧を**印加電圧**というが，印加電圧が低すぎると，その電界の中で電離が生じても電子と陽イオンが移動する前に再結合してしまうため電離電流は生じにくい．また電圧が大きすぎれば，放射線による電離とは無関係に放電して電流が生じてしまう．放射線を測定するには適した印加電圧の領域があり，印加電圧と電離電流の大きさとの間には図2・3に示すような関係がみられる．

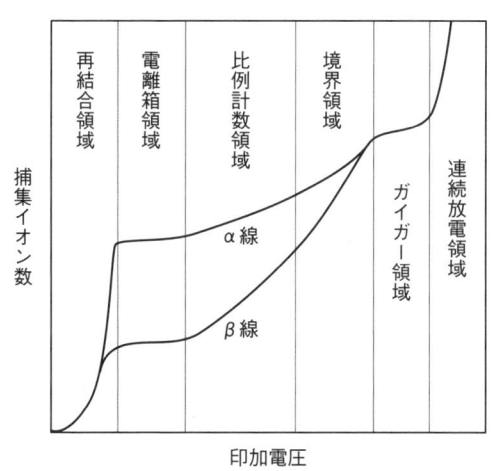

図2・3　気体検出器の印加電圧と電離電流の大きさとの関係

**再結合領域**とよばれる電圧領域では，印加電圧が高くなるにつれイオン対の再結合が減少してパルス電流が増加していく．印加電圧が**電離箱領域**とよばれる電圧域に達すると，生成したイオン対のほとんどすべてがそれぞれの電極へ到達することができるので，印加電圧の大きさに関係なく一定の電流が得られるようになる．この電離電流の値が一定でグラフが平坦な部分を**プラトー**とよぶ．α線とβ線で電離能力が異なるので，できたイオン対の総量が異なり，電離電流の大きさも異なる．また電離で生じた電子1個分による

パルス電流は，電流として直接測定するには小さいので，実際の検出回路では抵抗器を挟んでその両側の電圧を測定するか，コンデンサーを挟んで一定時間の電荷の積分を測定する．

それよりもさらに印加電圧を高めると，陽極へ向かって移動した電子が陽極付近の強い電場で加速されて大きな運動エネルギーをもつようになる．すると途中の気体分子に加速された電子がぶつかってさらに電離を起こす．放射線の通過によって直接生じるいくつかのイオン対を**一次イオン対**とよび，加速された一次イオンの衝突で生じたイオン対を**二次イオン対**とよぶ．二次イオンとして生じた電子はさらに次々と衝突を繰返し，電子の数はねずみ算式に増加する．これを**電子なだれ**という（図 2・4 a）．電子なだれが生じる

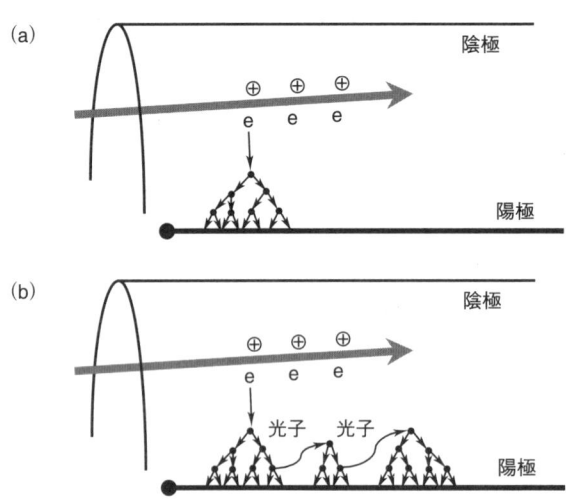

図 2・4 （a）比例計数領域での電子なだれと（b）ガイガー領域での電子なだれ

と，電子の数が増殖して得られる電離電流が大きくなり，気体増幅が起こる．気体増幅は印加電圧に依存して大きくなる（印加電圧に依存してなだれが大きくなる）が，ある程度の印加電圧までは，印加電圧が一定であれば気体増幅率が一定である．つまり**比例計数領域**では一次イオン対の数に比例し

て電離電流の大きさが決まる．一次イオンの総数はα線とβ線で異なり，またβ線のエネルギーによっても違いがみられるので，比例計数領域ではα線とβ線を区別して測定でき，またβ線のエネルギースペクトルを測定することもできる．

さらに印加電圧を上げると，電子なだれで生じたイオン対のうち陽イオンの移動が遅いために，陰極付近の陽イオン濃度が高くなって電界の強度分布に影響し，むしろ出力パルスが徐々に小さくなって比例関係の直線性が悪くなる．さらに印加電圧を上げると，二次電子が気体分子を励起した結果生じる励起光が，別の気体分子と衝突して光電効果により光電子を生じ，この電子からまた別の電子なだれを生じる（図2・4 b）．このようにして第二，第三の電子なだれが誘発されて広範囲に電子なだれが起こり，陽極全体を二次イオンが包み込むほど増殖する．そうなると一次イオンの数に無関係に一定の大きさの電離電流が得られるようになり，再びプラトーを生じる．この電圧領域は**ガイガー領域**とよばれる．ガイガー領域では1回の放射線の入射で大きなパルス電流が流れるので，比較的単純な回路で一つ一つの放射線を感度良く測定できる．しかし放射線の種類やエネルギーなど，放射線の性質を判別することはできない．

ガイガー領域よりもさらに高い電圧をかけると，放射線による電離とは無関係に，放電によって連続的に電流が流れるようになり，この領域を**連続放電領域**とよんでいる．

**a．電離箱**　電離箱は電離箱領域の印加電圧を使用する．比較的低い電圧を使用しており，また電離箱内の気体は空気でもよいので，微弱電流を検出するための電気工作の知識があれば自作も可能である．市販の電離箱では内部の気体に空気やアルゴン，ヘリウム，ネオン，キセノンを使用したものもある．空気以外の気体を検出ガスとしている場合は，窓やガス導入部等からのガス漏れに注意する必要がある．電離箱だけでなく他の気体検出器にも共通していえることだが，窓の材質によって測定できる放射線が異なってくる．薄い雲母の膜を窓に使用すればα線の測定も可能であるが，窓の材質にガラスなどを用いればα線は窓材質に吸収されてしまい測定できなくなる．電離箱はイオン対の数を測定することになるので，放射線の照射線量率

を直接測定しているといえる.

**b. 比例計数管** 比例計数管は比例計数領域の印加電圧を使用する.出力パルスの大きさは,入射放射線による電離で最初につくられるイオン対の数,すなわち放射線の電離能に比例する.入射放射線の電離能,すなわち入射放射線のもつエネルギーと出力パルスの間に比例関係があるので,放射線の種類やエネルギーを区別して測定することができる.

**c. ガイガー・ミュラー計数管** ガイガー領域の印加電圧を使用する.**ガイガー・ミュラー(GM)計数管**の検出ガスには,ヘリウム,ネオン,またはアルゴンといった不活性ガスを使用しており,**クエンチングガス**(消滅ガス)として微量の有機ガス(ブタン,エタノールなど)またはハロゲンガスが添加してある.比例計数領域の印加電圧では,電子なだれが生じるのは一次イオン対の発生した領域だけに限られるが(図2・4a),ガイガー領域では電子なだれが広範囲に起こり(図2・4b),放電の終息に際して陰極へ移動した大量の陽イオンが陰極面から電子を受取る際に過剰なエネルギーによって余分に電子が引き出される.余分な電子が一つでも引き出されたならば,さらに新たな電子なだれがひき起こされる.このときに単一の気体のみを封入すると,一度起こされた放電がそのままでは止まらずに放電を繰返すことになる.そのためクエンチングガスとよばれる気体を添加して放電の繰返しを防ぐ.不活性ガスが電離されて生じた陽イオンは,クエンチングガスの分子と衝突して電子を受取り,つづいてクエンチングガスの陽イオンが生じる.クエンチングガスが陰極面から電子を受取る過程では,過剰なエネルギーはクエンチングガスの分解に使用され,新たな余分な電子の生成が抑えられるので放電は終了する.クエンチングガスは徐々に分解してなくなるため,GM計数管には必然的に寿命がある.クエンチングガスにハロゲンを用いると分解が少ないので寿命が長いが,プラトーが短く傾斜が大きくなる.

印加電圧と電離電流の関係は,検出器の形状や中に封入されている気体の種類や濃度,圧力によって変化するので,その検出器に合った適切な印加電圧が存在する.また検出器内の気体の濃度や圧力が変化し,検出器が劣化すると,印加電圧と電離電流の関係が変化し,結果として印加電圧の適切な条件が変化する.たとえばGM計数管が劣化するとクエンチングガスの消費

に伴いガイガー領域が短くなり,本来よりも低い電圧で連続放電領域に達するようになる.そのため劣化したGM計数管では,見かけの計測値が大きくなるエラーが起こることがある.

## 2・2・2 固体の電離作用を利用する検出

　放射線と物質との相互作用にはそもそもえり好みはないので,放射線が通過する物質がたまたま固体であれば,それを構成する分子を電離する.この場合も電界が存在しないかぎり,電離で生じた電子と陽イオンはすぐに再結合して元の中性分子に戻ってしまう.しかし,普段は電気を流さないが,一定の条件で電気を流すような条件で固体に電圧をかけておくことができれば,固体内で生じた電離電流を検出できるようになる.それには半導体を用いればよい.

　**半導体**は,電気をよく通す導体と電気を通さない絶縁体の中間的な性質を示す物質である.代表的な半導体はケイ素(Si)とゲルマニウム(Ge)で,これらは周期表の14族の元素である.SiやGeに微量の15族元素〔たとえばリン(P)など〕を加えて単結晶をつくると,Si(またはGe)がPに置き換わった所には,原子間の結合に参加しない電子が一つ存在することになる.これを**n型半導体**という.一方,Siに微量の13族元素〔ホウ素(B)など〕を微量に加えてつくられた単結晶には,SiがBに置き換えられた所に原子間の結合に電子が一つ足りない**正孔**とよばれる部分が生じる.これを**p型半導体**という.p型とn型の半導体を接合したものは**半導体ダイオード**とよばれ,n型からp型の方向へ電流を流すが,逆向きには電流を流さない.また半導体は,極低温では電気抵抗がきわめて高く絶縁物に近いが,温度上昇とともに急激に電気抵抗が下がる.

　電気を流さない条件で,半導体に電圧(ここでは印加電圧とはいわず**バイアス電圧**という)をかけることによって,もともと半導体中に存在する電子と正孔の分布にあらかじめ偏りを生じさせ,電極間に電子も存在しない**空乏層**とよばれる領域をつくる.この空乏層が放射線の検出領域となるのだが,空乏層を放射線が通過したときに電離によって電子と正孔(電子が一つ抜けた部分)の対が生じ,電子と正孔はそれぞれの反対極へ向けて移動してパル

ス電流が生じる．これを**半導体検出器**という（図2・5）．半導体検出器には，n-p接合型や，表面障壁型，Liドリフト型，高純度型がある．これらの半導体検出器は空乏層のつくられ方が異なっている．

　固体の中では電子なだれのような増幅は起こらないので，原理は電離箱とまったく同じである．固体の場合は気体よりも密度が約1000倍高いので，同一飛行距離当たりに生じる電子・正孔対数もその分だけ多い．そのため検出効率が良く，検出器自体を小さくすることができる．気体の場合は，1対のイオン対をつくるのに必要なエネルギーは気体の種類に依存せずほぼ30 eVであるが，SiやGeの半導体中で1対の電子・正孔対をつくるのに必要なエネルギーは，3～4 eVであり，気体検出器に比べて小さいエネルギーで電離される．そのためエネルギー分解能が良く，γ線のエネルギースペクトルの解析などに用いられている．

　**a. n-p接合型半導体検出器**　　p型とn型の半導体を接合した半導体ダイオードに，電気を流す方向と逆の方向に電圧をかける（すなわちp型に負電位，n型に正電位を付加する）と，電子と正孔はそれぞれ反対の電極へ移動するので，n-p接合部に空乏層が生じる．空乏層を放射線が通過すると，すでに述べたように，電離によって電子・正孔対が生じて電離電流が得られる（図2・5a）．

　**b. 表面障壁型半導体検出器**　　n型半導体のSiの表面を酸化すると表面に薄いp型の領域が形成される．そこで，金（Au）や銀（Ag）の薄膜をSiの表面が酸化されるような条件で蒸着して電極として電圧をかけると，p型領域のすぐ内側に薄い空乏層をつくることができる（図2・5b）．同様にp型の半導体の表面にアルミニウム（Al）を蒸着してn型の電極とすることもできる．入射面でのエネルギー損失が小さくなるので，α線や重粒子，核分裂片など，相互作用が大きく飛程の短い放射線の測定に向いている．

　**c. Liドリフト型半導体検出器**　　p型半導体の一面にn型であるリチウム（Li）を蒸着して，温度を上げた状態でバイアス電圧をかけると，リチウムイオン$Li^+$がp型層へゆっくり拡散（ドリフト）する．$Li^+$が拡散した**ドリフト領域**では全空間電荷がゼロになり，空乏層に相当する厚い真性半導体領域（i層）を得ることができる．しかしLiは移動しやすく，特にGe中で

(a) n-p 接合型

図中ラベル: n型, p型, 放射線, 電子, 正孔, 陽極, 陰極, 空乏層

(b) 表面障壁型

図中ラベル: p型, n型, α線, 蒸着金膜, 陰極, 陽極, 空乏層

(c) Li ドリフト型

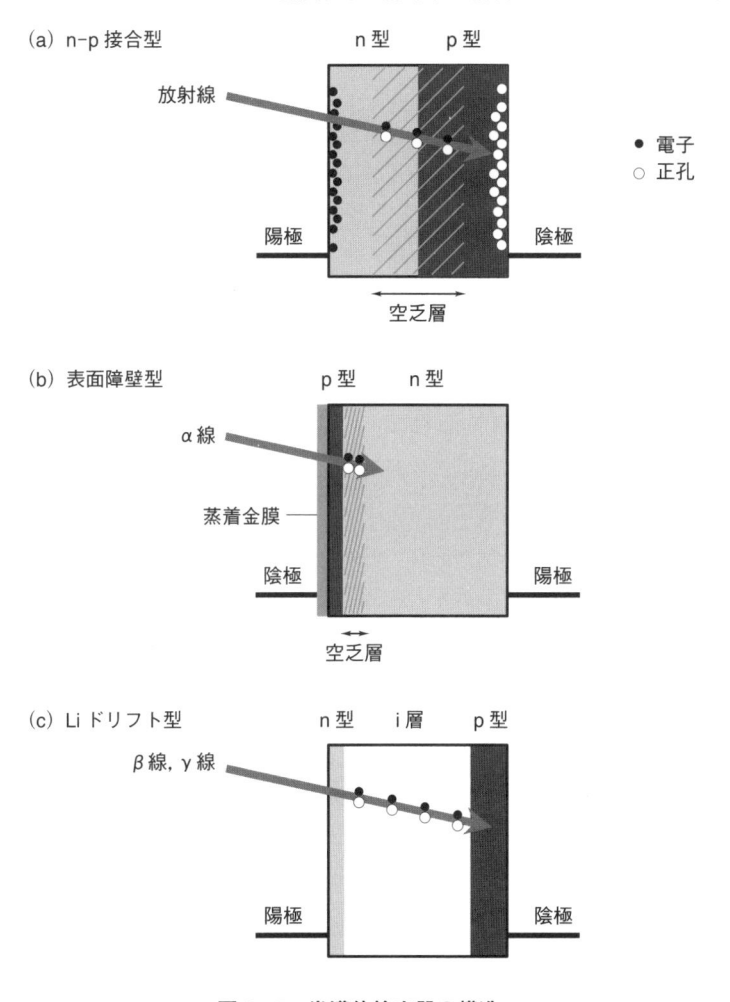

図中ラベル: n型, i層, p型, β線, γ線, 陽極, 陰極

図 2・5　半導体検出器の構造

は室温でも分布が変化するので，ドリフト後は常に液体窒素温度で冷却してLiの分布を維持する必要がある．Liドリフトにより得られた半導体はp-i-n構造をしており，始めから空乏層にあたるi層をもつ．i層は，p-n接合型や表面障壁型で得られる空乏層に比べてはるかに厚い（図2・5c）．そのためβ線やγ線などの相互作用の小さい飛程の長い放射線の測定に向いてい

る．しかし現在では，γ線の測定には次に述べる高純度 Ge 半導体検出器がおもに使われている．

**d. 高純度型半導体検出器**　不純物がきわめて少ない高純度の Ge の単結晶は，低温では電気抵抗がきわめて大きいので，これにバイアス電圧をかけると p 型層全体にわたる長い空乏層をつくることができる．エネルギーの低い X 線や数 MeV レベルの γ 線の測定に向いている．エネルギー分解能が高いので，γ 線のエネルギースペクトルの測定により未知核種の同定などに使用されている．

## 2・3　蛍光作用を利用する検出

レントゲンが X 線を発見したのは，陰極線の研究中に，陰極線を出すクルックス管から離れた場所にあったシアン化白金バリウムの蛍光に気付いたためといわれている．

放射線は物質を電離するほかに励起することもできる．電離は分子の軌道電子を分子の外へ飛び出させて電子と陽イオンをつくるが，励起では軌道電子を外側のエネルギー順位の高い軌道に移し不安定な状態にする．蛍光物質が励起されると，エネルギーの高い不安定な励起状態から安定な基底状態へ戻ろうとするときに余分なエネルギーを可視光として放出する（図 2・6 上）．この現象を**シンチレーション**（蛍光）とよび，蛍光物質のことを**シンチレーター**とよぶ．一般的に使用されている程度の，少ない放射線で生じる蛍光は微弱であり，肉眼で検出することは難しいため，光電子増倍管などで検出する（図 2・6 下）．

### 2・3・1　シンチレーションカウンター

シンチレーションカウンターは，シンチレーターからの蛍光を光電子増倍管で増幅して検出してそれを計数する．光電子増倍管の光電極に光が当たると光電子が放出される．放出された光電子は，光電子増倍管の中の電場で加速されて**ダイノード**とよばれる電極にぶつけられる．ダイノードに電子が衝突すると複数個の二次電子が放出され，これらの二次電子も電場によって加速され，さらに第二，第三のダイノードに次々と衝突し，二次電子はねずみ

算的に増殖する．増殖した二次電子は最終的に陽極へ集められてパルスが得られる．光電子増倍管のパルス高さは，その吸収エネルギーの大きさに比例するので，パルスの大きさごとに計数すれば放射線のエネルギースペクトルを得ることができる．

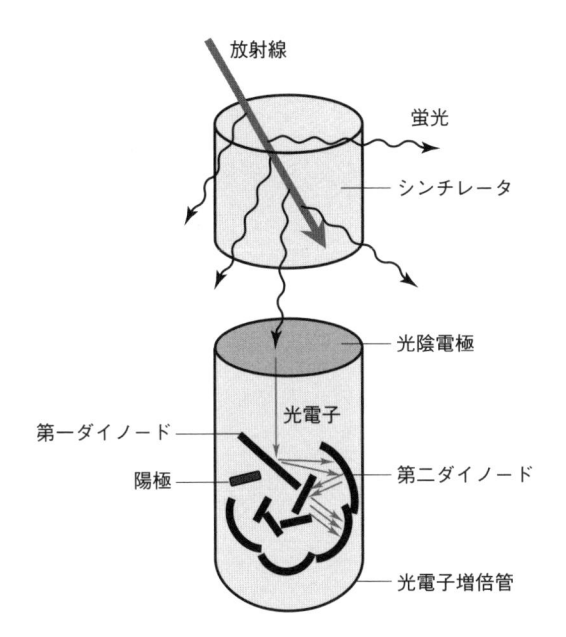

図 2・6 シンチレーションカウンターの構造と光電子増倍管の仕組み

汎用されているシンチレーションカウンターには，結晶シンチレーターを使用するいわゆるシンチレーションカウンターと，有機溶剤に溶解したシンチレーターを使用する**液体シンチレーションカウンター**がある．液体シンチレーターに，試料である放射性化合物を混和してしまえば，シンチレーターと放射線源が分子レベルの近い距離に存在することになるので効率良く検出でき，低エネルギーの β 放出核種などの測定に向いている．

## 2・3・2 イメージングプレート

**イメージングプレート**とは，ポリエステルのフィルムに**光輝尽性蛍光体**の結晶〔少量のユウロピウムイオン $Eu^{2+}$ を含んだバリウムフルオロブロミド

(BaFBr)〕を塗布したもので，写真フィルムや写真乾板によるオートラジオグラフィーと同様に使用する．手法としてはオートラジオグラフィーと同じだが，蛍光作用による本法は**ラジオルミノグラフィー**という．

光輝尽性蛍光体に放射線が当たると励起状態になり（図2・7a），この励起状態は保持される（**準安定状態**）．つまりイメージングプレート上の放射線の当たった位置に，放射線がその量に応じて記録される（図2・7b）．準安定状態の光輝尽性蛍光体に最初の励起よりも長い波長の励起光が当たると，その記録の量に応じて蛍光（390 nm 付近）を発するのでこれを光電子増倍管で検出する（図2・7c）．実際には特定波長の赤色レーザー光（633 nm）を当てて記録面を走査しながら検出し，二次元の分布画像を得る．**バイオイメージングアナライザー**（bio-imaging analyzer system；BAS）とよばれる装置でこの読取り作業が行われる．読取りを行うと準安定状態は解除される（図2・7d）．使用後のイメージングプレートにさまざまな波長の混

(a) 放射線
光輝尽性蛍光体（イメージングプレート）
放射性の試料に露出する

(b) 準安定状態
放射線の当たった部分の光輝尽性蛍光体が励起されて準安定状態となる

(c) レーザー光　蛍光
準安定状態の光輝尽性蛍光体に赤色レーザー光を照射すると蛍光を発する

(d) 読取りを行うと準安定状態は解除される

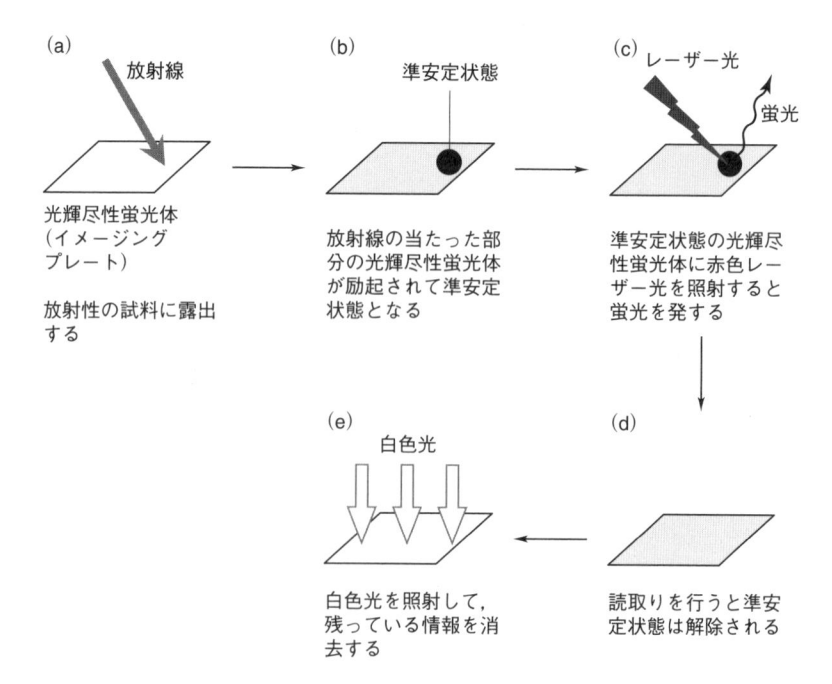

(e) 白色光
白色光を照射して，残っている情報を消去する

図2・7　イメージングプレートによる測定の手順

ざった光（白色光）を均一に照射すると，光輝尽性蛍光体のすべての準安定状態が解除され，繰返し使用することができる（図 2・7 e）．光輝尽性蛍光体の準安定状態は，熱によっても解除される．また，準安定状態は長時間経過すると徐々に消滅するので，焼付け終了から読取りまでは短い時間で行う．またその際，暗室作業までは必要でないが，白色光で準安定状態が解除されるため強い光を当てるべきでない．検出感度は写真フィルムよりも 1000 倍くらい高いが，位置分解能は写真フィルムに劣る．

### 2・3・3 熱ルミネッセンス線量計

励起作用を利用した個人線量計に**熱ルミネッセンス線量計**（thermoluminescent dosimeter；TLD）がある．熱ルミネッセンス素子には，マンガン（Mn）を含んだフッ化リチウム（LiF），フッ化カルシウム（$CaF_2$）などが使用されている．放射線によって熱ルミネッセンス素子が励起されて準安定状態になる．これを加熱すると準安定状態が解除され基底状態へ戻り，このときに発する特定の波長の蛍光を検出する．

## 2・4 その他の作用を利用する検出

放射線と物質との相互作用はさまざまに分類することも可能であるが，基本的には物質の電離あるいは励起に基づいて起こる．以下に述べるいくつかの方法も，放射線の見せ方はさまざまであっても，電離が引き金となって起こる化学反応あるいは物理的現象を観察するものである．

### 2・4・1 化学作用を利用する検出

放射線によってひき起こされる酸化反応や還元反応を利用して放射線を測定することもできる．§2・1 で述べた写真作用も実のところはハロゲン化銀の還元に基づく化学作用である．写真の場合は現像することによって増幅されて検出されるわけだが，化学反応そのものは微量であるので，比較的大線量の測定に用いられる．代表的なものに**フリッケ線量計**や**セリウム線量計**がある．フリッケ線量計では，鉄イオン $Fe^{2+}$ と酸素を含む酸性の水溶液に放射線が入射したときに，$Fe^{2+}$ が $Fe^{3+}$ に酸化されて 306 nm における吸光度

が増加するのを測定する．セリウム線量計では，セリウムイオン $Ce^{4+}$ が $Ce^{3+}$ に還元され 320 nm における吸光度が減少するのを測定する．写真作用も含めて化学作用に基づく測定は，放射線が起こす電離の量の積分値であるので，個々の放射線を識別することはできないが，吸収したエネルギーの全量を測定しているといえる．

### 2・4・2　ガラスバッジ（蛍光ガラス線量計）

ある種のガラスに放射線を照射すると蛍光中心を生じる．蛍光中心に適当な波長の光（紫外線）が当たると励起されて蛍光を出す．これを**ラジオフォトルミネッセンス**という．一般には銀活性リン酸塩ガラスが使用されており，このガラス内で放射線が電離を起こすと，電離で生じた電子と正孔が銀イオン $Ag^+$ に捕獲されて蛍光中心となる．イメージングプレートに似ているが，蛍光中心はイメージングプレートの準安定状態とは異なり，放射線の照射から時間が経過してもほとんど減少せず，測定しても消滅しない．そのため繰返し測定することによって測定の精度を上げることができる．ただし高温（400 ℃）で加熱すると蛍光中心は消滅するので，再使用することもできる．フィルムバッジと同様に，フィルターの異なるいくつかの窓のついたケースに入れて装着し，一定期間ごとの被ばく線量を測るのに使われている．

### 2・4・3　放射線が目で見える**霧箱**

過飽和の状態にあるアルコール蒸気中を荷電粒子が通過すると，気体分子が電離されてイオン対が生成する．このイオンを核として気体が凝結し，霧滴が発生する．荷電粒子が電離を繰返しているので，その進路に沿って連続した霧滴が生じ，肉眼で放射線の軌跡をリアルタイムで観察できる（図 2・8）．この装置が**霧箱**で，放射線の飛跡を目で見られることから，効果的な教材として使われている．写真中央左の白い物は放射線源のマントルで，マントルから放出された α 線と β 線の軌跡が見えている．マントルとはランタン（アウトドアなどで使う手さげランプ）の燃焼部に用いる合成繊維の網で，発光効率を上げるため微量のトリウム（Th）を含ませてある．

2・4　その他の作用を利用する検出　　　　　　　　　37

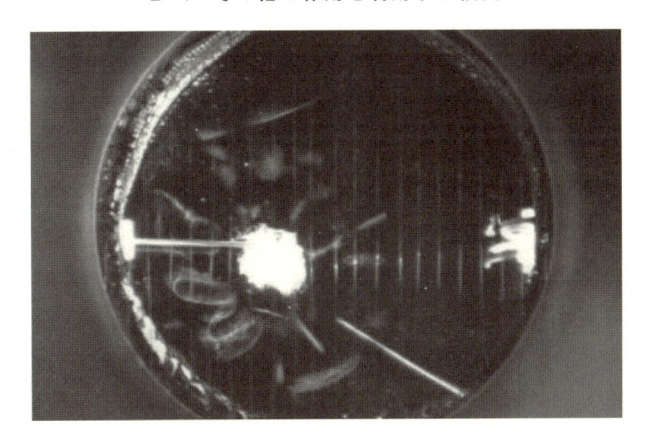

図2・8　霧箱による放射線の軌跡の観察

### 2・4・4　放射線によるフリーラジカルの生成をみる

　地球が自転しながら太陽の周りを回っているように，電子も自転しながら原子核の周りを回っている．この電子の自転のことを**電子スピン**という．電荷をもった物質が回転運動をすればそこに磁気的な性質が生まれ，これを**磁気モーメント**という（図2・9a）．しかし多くの化合物上の電子は，お互いに逆向きのスピンをもった二つの電子が電子対をつくって存在している．電子対の状態では逆向きのスピン同士が打ち消し合って磁気的な性質は得られない．しかし，ある種の高分子（アラニンや砂糖が実際に利用されている）に放射線を照射すると，電離により生じた電子が安定化されて，単独の対を成さない電子が生じることがある．この単独の電子を**不対電子**あるいは**フリーラジカル**とよぶ．不対電子は磁気的な性質をもっている．

　**電子常磁性共鳴**（electron paramagnetic resonance；**EPR**）は，別名を**電子スピン共鳴**（electron spin resonance；**ESR**）ともいい，電子スピンによる電磁波（ラジオ波〜マイクロ波）の吸収を観測する磁気共鳴法である．物質中に不対電子が存在していても，そのスピンの向きは通常はそれぞれランダムな方向を向いており，全体として磁気モーメントは打ち消されている（図2・9b左）．しかし不対電子を磁場の中に置くと，磁場と同じ方向の安定状態と逆向きの不安定状態の二つのエネルギー状態を取るようになる（図

## 2. 放射線の測定

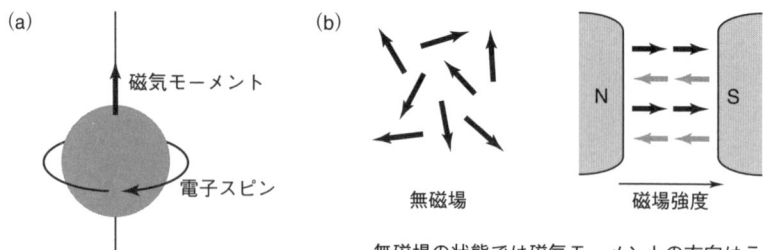

(a) 磁気モーメント / 電子スピン

(b) 無磁場 / 磁場強度

無磁場の状態では磁気モーメントの方向はランダムだが，磁場中の磁気モーメントは磁場と同じ向きか磁場と逆の向きを向く

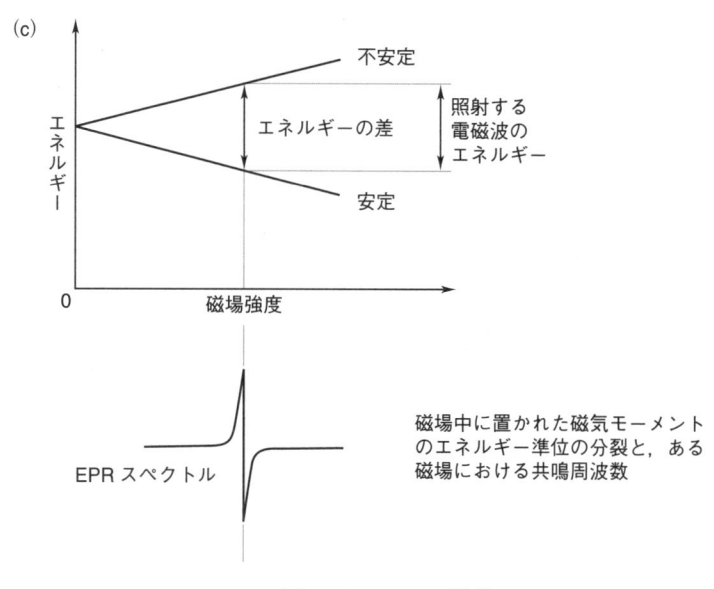

(c) 不安定 / エネルギーの差 / 照射する電磁波のエネルギー / 安定 / 磁場強度 / EPRスペクトル

磁場中に置かれた磁気モーメントのエネルギー準位の分裂と，ある磁場における共鳴周波数

図2・9 EPRの原理

2・9b右)．この二つのエネルギー状態の差に相当するエネルギーの電磁波を与えると，電磁波の共鳴吸収が起こる（図2・9c)．物質中のフリーラジカルの生成量は放射線による電離の量に依存すると考えられるので，EPRスペクトルの積分値から吸収線量を評価できる．

爪や歯のような生体試料に放射線を照射した場合にも，爪や歯に安定なフリーラジカルが生じることから，被ばくしたと思われる人の爪や歯などに含

まれるフリーラジカルを測定して，その被ばく線量を推定することが試みられている．この方法を用いれば，普段は線量計を持ち歩いていない一般人であっても被ばくした線量を推測することが可能になる．しかし現時点では感度が悪く，数十 mSv くらいの高線量を被ばくした場合でなければ検出が困難で，2011 年 3 月の福島第一原子力発電所の事故による周辺の μSv 単位の被ばくでは今のところ測定が難しい．

## 2・5 放射線に関係ある単位

福島第一原子力発電所の事故が発生して以来，シーベルトやベクレルといった放射線や放射能に関連する単位を頻繁に耳にするようになった．しかし，これらの単位はいったい何を意味するのか．シーベルトは時間当たりの量であったり，ベクレルは重さや体積当たりの量であったり，その時々によって量の表示が異なり難解である．これらの単位の意味を正しく理解しなければ，間違った情報を与えられかねない．ここでは放射線に関連する単位の意味について解説する（表 2・1）．

### 2・5・1 放射線の量の単位

電離箱や GM 計数管，半導体検出器あるいはシンチレーションカウンターなどの計数装置で測定できる数値は，あくまでも検出した放射線の数（計数値）であって，その単位は cpm（count per minute，1 分当たりの計数値）や cps（count per second，1 秒当たりの計数値）を用いる．半導体検出器やシンチレーションカウンターなどの測定装置は，放射線と物質との相互作用の大きさに基づいて放射線のエネルギーを検出できるので，放射線のエネルギーごとにその数を数えることもできる．放射線のもつエネルギーがわかれば物質が吸収したエネルギー量を評価することができる．放射線が通ったときに物質や人体が重量当たりに吸収するエネルギーを**吸収線量**といい，単位は**グレイ（Gy）**で表される．1 Gy は 1 kg の物質に 1 J（ジュール）のエネルギーが与えられたときの線量を意味する．同じ吸収線量であってもそれがどれだけの時間をかけて与えられたかによって，特に生物に対しては結果が変わってくるので，時間当たりの吸収線量，つまり Gy/h や Gy/min の

## 2. 放射線の測定

### 表2・1 放射線量の単位[†1]

| 単位[†2] | 定義 | 測定対象 |
|---|---|---|
| グレイ Gy<br>(ラド rad) | 1 kg の物質が 1 J のエネルギーを吸収するときの線量（1 rad = 0.01 Gy） | 物質が吸収した放射線の量（吸収線量）を測る．治療の線量評価や，人体に実際に障害が生じる被ばく線量に対して用いる． |
| C/kg<br>(レントゲン R) | X 線や γ 線の照射によって 1 kg の乾燥空気中に生じるイオン対がもつ電荷（単位クーロン C）の総和（$1 R = 2.58 \times 10^4$ C/kg） | 物質に与えた放射線の量（照射線量）を測る． |
| ベクレル Bq<br>(キュリー Ci) | 1 秒当たりに起こる放射壊変の数（$1 Ci = 3.7 \times 10^{10}$ Bq） | 線源の放射能（放射性物質量）を測る．食品中などに放射性物質がどれくらい含まれているかを Bq/kg, Bq/L で表す． |
| シーベルト Sv<br>(レム rem) | 吸収線量（単位 Gy）を放射線の種類および組織の感受性により補正して，放射能が人体に及ぼす影響を考慮した放射線量の単位（1 rem = 0.01 Sv） | 放射線被ばく時の生体影響（発癌リスクと遺伝的影響）を調べるときに用いる．詳しくは § 4・5 を参照． |

[†1] 単位に関して表記の混乱がよく見受けられるが，実際に放射線を照射したり，測定するときの値は単位時間当たり（Gy/h, Gy/min や，Sv/y, Sv/h; y: 年，h: 時，min: 分）で，単位時間当たりの放射線を浴び続けた累積量を Gy, Sv で表すことに十分注意してほしい．
[†2] 国際単位．括弧内は以前用いられていた単位．

ように吸収線量率を考慮することも重要である．ラド（rad）もかつて用いられた吸収線量の単位で，1 rad は物質 1 g 当たり 100 erg（$10^{-5}$ J）のエネルギーが与えられたことを意味しており，0.01 Gy に相当する．

Gy は物質が吸収した放射線の量であるが，与えた放射線の量（**照射線量**）を表す単位もある．照射線量を表す国際単位は，正負の電荷が生み出す電気量の単位**クーロン**（**C**）を用いて C/kg で示す．これは 1 kg の乾燥空気中で放射線が完全に止まるまでに生じるイオン対がもつ電荷の総和を意味している．1 C/kg の照射線量は空気に対しては 34 Gy の吸収線量に相当する．1985 年までは照射線量の単位にレントゲン（R）が使用されていた．1 R は $2.58 \times 10^{-4}$ C/kg に相当する．

## 2・5・2 放射能の単位（放射性核種の量を表す単位）

ある計数装置を用いて，ある条件である放射性の試料を測定したときの計数値というのは，その条件において検出器に入った放射線の数であって，試料から放出された放射線をすべて数えたわけではない．試料から放出された放射線の総量を知るためには，試料から放出された放射線のうちのどれだけが検出器に入ったかという割合がわかればよい．この割合のことを**検出効率**といい，その測定条件での検出効率がわかれば，計数値を検出効率で割ると試料からの放射線の総量が計算できる．これを時間当たりに直せば，試料の放射能を評価することができる．

検出効率にかかわる因子には，試料と検出器の幾何学的な位置関係，試料と検出器の間にある物質による吸収，試料の支持物質による後方散乱の割合，試料内での自己吸収，および検出器の数え落としの割合が関係してくる（図2・10）．放射性物質から放射線が飛び出す方向はランダムであり，試料

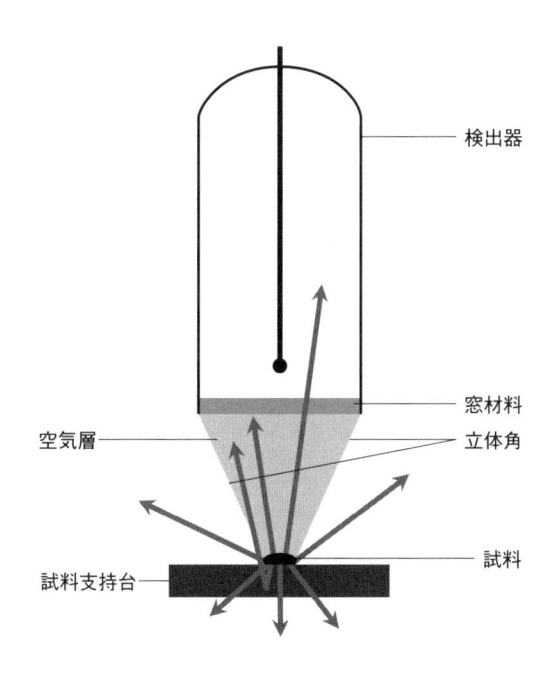

図2・10　試料と検出器の位置関係

の周りの3次元空間のすべての方向へ放出されている．試料から放出された放射線のうち，検出器に到達できるのは一部だけである．検出器の中まで到達できるのは，検出器の窓と試料がつくる幾何学的な立体角の方向へ放出された放射線のみであり，また検出器と試料の間には空気と窓の材料物質，あるいは試料のコーティング材料なども存在しており，ここで放射線がある程度吸収されて失われる．試料内部でも試料自体によって放射線が吸収されるので，その補正も必要である．検出器と反対方向に飛び出した放射線であっても，試料支持台によって後方散乱を受けて再び検出器方向へ飛んでいくこともあるので，支持台の材料に応じてその割合を考慮する必要がある．また検出器が一度放射線を検出した後，検出器内部の状態が元に戻り次に放射線を再び検出できるようになるにはわずかに（数百μ秒程度）時間がかかるので，この間は放射線の検出ができない．そのための数え落としを補正する必要がある．このように放射能の測定は，かなりの労力と時間を要し面倒である．しかし，核種とその放射能がすでにわかっている試料（**標準線源**）が用意できれば，同一条件で試料を測定し，得られた値の比較によって比較的容易に試料の放射能を評価できる．

　放射能というのは，放射性物質から放射線が放出される現象を指してキュリー夫妻が最初に使った言葉で，慣習的に放射性物質自体を放射能とよぶこともあるが，現在では単位時間当たりに起こる放射壊変の数と定義され，その単位には**ベクレル（Bq）**が用いられている．1 Bq は 1 秒間に起こる放射壊変数である．キュリー（Ci）も放射能の単位として用いられてきたが，1975 年に Bq が国際単位として採用された．1 Ci は $3.7 \times 10^{10}$ Bq である．

### 2・5・3　放射線による生体影響を考慮した単位

　一言に放射線といっても，その種類やエネルギーの強さはさまざまであり，それによって吸収線量が同じでも人体への影響の大きさが変わる．放射線防護の立場から，放射線の生体に対しての"影響の大きさ"を考慮した数量の単位には**シーベルト（Sv）**を用いる．1985 年まではレム（rem）が用いられていたが，現在では Sv が国際単位として使用されている．1 rem は 0.01 Sv に相当する．Sv で表される数量にはいくつかあり，それぞれについ

## 2・5 放射線に関係ある単位

ては後の章で詳しく説明しているが，基本的には吸収線量を補正した値と考えればよい．線量と影響が直線的な関係にあると仮定した**確率的影響**（発癌リスク）のみを考えて補正によって得られる数値であり，実際に生じた生物学的な影響（**確定的影響**）を測定して数値化したものではない．

たとえば，吸収線量に放射線加重係数を掛けたものを**等価線量**いう．放射線の種類ごとに影響の大きさが異なるので，その重み付けする係数（**放射線加重係数**，表4・4参照）で補正を行う．

また，組織・臓器によって放射線による影響の受けやすさが異なり，個々の組織・臓器への影響の大きさを重み付けする係数を**組織加重係数**（表4・5参照）という．照射を受けた組織・臓器の組織加重係数を足し合わせたものに等価線量を掛けたものが**実効線量**で，単位は同じく Sv を用いる．全身分の組織加重係数の和は1であり，実効線量は，特定の部位への被ばくによる影響を，全身への平均的な影響として表していることになる．内部被ばくの場合は，放射性物質が体内に取込まれて分布し，さらにそこから排出されるまで放射線を受け続ける．そのため放射性物質を体内に取込んだときから一生の間に受ける線量を考えて補正したものが**預託線量**（図5・3参照）とよばれる値で，単位は同じく Sv を用いる．

# 3

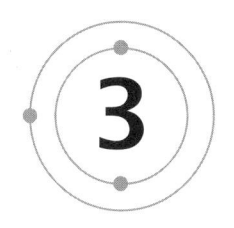

# 環境中の放射線：
# 天然放射線，人工放射線

　電離放射線は，物質を通過する際に，通過する物質と相互作用してその物質を電離あるいは励起する能力をもっている．ラドン温泉のような温泉に含まれる放射性核種からの放射線による湯治のイメージから自然界からの放射線は体に良くて，一方，核兵器や原子力発電所事故などによる放射線健康被害のイメージから人工的な放射線は体に悪いというような誤解が少なからず生じている．しかし，そもそも放射線自体は相互作用する相手をえり好みするわけではないので，天然放射線が体に良くて人工放射線が悪いというものではなく，どの放射線にせよ被ばくする量が問題となる．大量に放射線を浴びれば当然なんらかの障害が生じ，少量であれば生物個体としては何も起こらないか，あるいは弱いストレスへの応答として**抗酸化酵素**の誘導などを介する有益な効果があるといわれることもある．しかし**低線量放射線**の生物への影響についてはまだわからない部分が多い．

## 3・1　環境の中の放射線

　原子核は陽子と中性子で構成され，通常は非常に安定な構造を保っている．しかし，陽子と中性子の数のバランスが悪いと不安定な原子核が生じる．原子番号が小さい**安定核種**には陽子と中性子の数が同じものが多いが，原子番号が大きい安定核種では陽子より中性子が多くなる傾向がある．また，安定核種には陽子数と中性子数が偶数のものが多い．比較的重たい原子

核は不安定になり,原子番号 84,つまり陽子の数が 84 個の Po(ポロニウム)以上の原子はすべて**不安定核種**で安定同位体が存在しない.質量数(陽子の数と中性子の数の合計)が 230 付近よりも大きくなると中性子過剰で核が不安定になり,原子番号 90 の Th(トリウム)以上の原子核では,外部からの刺激がなくても自然に原子核が二つに分裂を起こして余剰の中性子を放出する,自発核分裂を起こすものも生じる.しかし陽子と中性子の数のバランスと原子核の安定性との明確な関係は現代の科学をもってしてもよくわかっていない.たとえば,原子番号 43 の Tc(テクネチウム)や原子番号 61 の Pm(プロメチウム)は,原子番号がそれほど大きくはないが安定同位体が存在しない.

不安定な原子核は核分裂を起こしたり,あるいは余分なエネルギーを放出

表 3・1 おもな一次天然放射性核種[†]

| 核 種 | | 半減期〔年〕 | 同位体存在度 (%) | 壊変形式 |
|---|---|---|---|---|
| $^{40}$K | (カリウム-40) | $1.251 \times 10^9$ | 0.0117 | $\beta^-$, EC |
| $^{87}$Rb | (ルビジウム-87) | $4.923 \times 10^{10}$ | 27.83 | $\beta^-$ |
| $^{113}$Cd | (カドミウム-113) | $7.7 \times 10^{15}$ | 12.22 | $\beta^-$ |
| $^{115}$In | (インジウム-115) | $4.41 \times 10^{14}$ | 95.71 | $\beta^-$ |
| $^{123}$Te | (テルル-123) | $>6 \times 10^{14}$ | 0.89 | EC |
| $^{138}$La | (ランタン-138) | $1.02 \times 10^{11}$ | 0.090 | $\beta^-$, EC |
| $^{144}$Nd | (ネオジム-144) | $2.29 \times 10^{15}$ | 23.8 | $\alpha$ |
| $^{147}$Sm | (サマリウム-147) | $1.06 \times 10^{11}$ | 14.99 | $\alpha$ |
| $^{148}$Sm | (サマリウム-148) | $7 \times 10^{15}$ | 11.24 | $\alpha$ |
| $^{152}$Gd | (ガドリニウム-152) | $1.08 \times 10^{14}$ | 0.20 | $\alpha$ |
| $^{176}$Lu | (ルテチウム-176) | $3.85 \times 10^{10}$ | 2.59 | $\beta^-$ |
| $^{174}$Hf | (ハフニウム-174) | $2.0 \times 10^{15}$ | 0.16 | $\alpha$ |
| $^{187}$Re | (レニウム-187) | $4.12 \times 10^{10}$ | 62.60 | $\beta^-$ |
| $^{186}$Os | (オスミウム-186) | $2 \times 10^{15}$ | 1.59 | $\alpha$ |
| $^{190}$Pt | (白金-190) | $6.5 \times 10^{11}$ | 0.014 | $\alpha$ |
| $^{232}$Th | (トリウム-232) | $1.405 \times 10^{10}$ | 100 | $\alpha$ |
| $^{235}$U | (ウラン-235) | $7.04 \times 10^8$ | 0.7204 | $\alpha$ |
| $^{238}$U | (ウラン-238) | $4.468 \times 10^9$ | 99.2742 | $\alpha$ |

† "アイソトープ手帳 11 版 机上版"日本アイソトープ協会 (2011) による.

して，より安定な別の原子核に変わろうとする．その結果生じた原子核が不安定であればさらに壊変し，これを繰返しながら最終的に安定核種に落ち着く．不安定核種はこのように時間とともに少なくなっていくので，半減期が短い核種は，地球誕生から現在までの間にすべて壊変してしまって自然界には存在しなくなった（少なくとも検出できなくなった）が，地球誕生から現在まで存在している半減期のきわめて長い各種もある（表3・1）．これらは**一次天然放射性核種**という．$^{113}$Cd や $^{115}$In，$^{123}$Te など1兆年を超す半減期の一次天然放射性核種もある．また一次天然放射性核種の中の$^{232}$Th，$^{235}$U，$^{238}$U の壊変で生じる一連の娘核種は数回の α 壊変と β 壊変を繰返しながらそれぞれ $^{208}$Pb，$^{207}$Pb，$^{206}$Pb へ落ち着く．その過程で生じるいくつかの核種は，半減期が短いものでも自然界に存在している．これらは**二次天然放射性核種**という．また大気中の安定核種と宇宙線などとの原子核反応で常に生じている放射性核種も天然に存在する．これらは**誘導天然放射性核種**という（表3・2）．

表3・2 誘導天然放射性核種

| 核　種 | 半減期[†] | 地球上の量〔kg〕 | 壊変形式[†] |
|---|---|---|---|
| $^3$H（水素-3） | 12.32 年 | 3.5 | $\beta^-$ |
| $^7$Be（ベリリウム-7） | 53.22 日 | 3.2 | EC |
| $^{10}$Be（ベリリウム-10） | $1.51\times 10^6$ 年 | $4.3\times 10^5$ | $\beta^-$ |
| $^{14}$C（炭素-14） | $5.70\times 10^3$ 年 | $7.5\times 10^4$ | $\beta^-$ |
| $^{22}$Na（ナトリウム-22） | 2.6019 年 | $1.1\times 10^{-3}$ | $\beta^+$，EC |

[†] "理科年表 平成24年"，国立天文台編，丸善（2011）による．

**宇宙線**は，地球外から飛んでくるおもに高エネルギーの陽子で，その他に少量のヘリウム（He）などの正電荷をもつ原子核を含む．宇宙線が大気中に入射すると，大気中の窒素（N）などの原子核との核反応によりさらに陽子，中性子，π 中間子，電子，陽電子，γ 線などの二次宇宙線が生じる．一次宇宙線と大気との反応で $^3$H，$^7$Be，$^{10}$Be などが生じ，二次宇宙線として生じた中性子と $^{14}$N との反応で $^3$H や $^{14}$C が生じる（表3・2）．$^{14}$C は5700年の半減期で減衰するが，このようにして常に生成しているため，大気中の

$^{14}$C の濃度はほぼ一定している．大気中に生成した $^{14}$C は二酸化炭素の形で地上の二酸化炭素サイクルに入って，ある程度生物にも取込まれる．その生物が死んでしまうと外部との炭素の交換が起こらないので，$^{14}$C はそのまま生物体の中に取込まれた形で半減期に従って減衰する．それが化石などの形で固定されてしまえば，化石中の $^{14}$C 濃度は減少の一途をたどる．この $^{14}$C 濃度の継時的な減少は**年代測定**に利用されている．

　天然にはこのようにして放射性の核種がそもそも存在していたが，それに加えて 1963 年までの大気圏内核実験と，1986 年 4 月のチェルノブイリ原子力発電所事故，さらには 2011 年 3 月の福島第一原子力発電所事故などによって，多量の核分裂生成物が地上に放出され分散している．わが国では，各国の核実験で高くなった $^{137}$Cs の大気中濃度がようやく元のレベルに戻りかけた頃，チェルノブイリ原子力発電所事故により一時的にだが再び上昇がみられ，それもほとんどなくなった頃に福島第一原子力発電所事故が起き，東日本の多くの地域で地表の $^{137}$Cs が高くなってしまっている．そのためおもにこの $^{137}$Cs による長期にわたる外部および内部被ばくの人体への影響が懸念されている．

　これらの自然界に存在する放射性核種からの放射線と，地球外から飛来す

表 3・3　人体が受ける年間放射線量

| 線　源 | 年実効線量〔mSv〕 | |
|---|---|---|
| | 世界平均[†1] | 日本平均[†2] |
| 天然放射線 | | |
| 　宇宙線 | 0.39 | 0.3 |
| 　外部大地放射線 | 0.48 | 0.33 |
| 　吸入摂取（ラドンガスなど） | 1.26 | 0.48 |
| 　経口摂取（$^{40}$K など） | 0.29 | 0.98 |
| 人工放射線 | | |
| 　医療における診断 | 0.6 | 3.87 |
| 　核実験フォールアウト | 0.005 | 0.0025 |

†1　UNSCEAR（国連科学委員会）2008 年報告による．
†2　"生活環境放射線（国民線量の算定）" 原子力安全研究協会（2011）による．

る宇宙線によって，我々は常に被ばくを受けている（表3・3）．その量は世界平均で年間 2.4 mSv，日本平均で 2.1 mSv 程度と考えられているが，地域によって大きな差がある．世界の中では年間 10 mSv を超える天然放射線を受ける地域もある．土壌や岩盤からの放射線は，トンネル内や地下ではわずかに多くなる．宇宙線は高度が高いほど多くなるので，高い高度を長時間飛行する国際線旅客機内では宇宙線の被ばくを多く受ける．たとえば，成田-ニューヨーク間を往復すると，約 0.2 mSv の被ばくを受けるといわれている．

## 3・2 体内の天然放射能

自然界の放射性物質は，呼吸や食物摂取を通じて体の中に入ってくる．その代表的なものとして，ラドン（Rn），カリウム-40（$^{40}$K），炭素-14（$^{14}$C）がある．

**a. ラドン**　ラドンはガス状で，ウランやトリウムの放射壊変により生成する．岩石やコンクリートなど建築資材中にウランやトリウムが含まれているので，ラドンは住居環境にも放出される．大気中 1 m$^3$ 中のラドン濃度は，フランスでは 90～100 Bq，米国では 50 Bq，日本では 15 Bq 程度である．

空気中に放出されたラドンは呼吸とともに体内に入り，内部被ばくの原因となる．米国では，自然界のラドンによる肺癌で毎年 21,000 人が死亡していると推定されている．

ラドン温泉では温泉水中や空気中にラドンが含まれているが，その影響についてはいまだ評価が定まっていない．

**b. カリウム**　カリウムは生体にとって重要で必須な元素である．人間の体には，体重の約 0.2 % のカリウムが含まれている．その大部分は放射線を出さないカリウムの同位体であるが，約 0.012 % は放射線を放出する $^{40}$K〔半減期 12.5 億年の一次天然放射性核種，β線（90 %）と電子捕獲によるγ線（10 %）を放出〕である．$^{40}$K は主として植物性食品から体内に摂取される．$^{40}$K からの被ばく線量は年間約 0.2 mSv 程度である．

**c. 炭　素**　炭素はほとんどの有機物の骨格を形成する基本元素であ

る．ほとんどは放射線を出さない炭素の同位体であるが，わずかに放射線を出す $^{14}C$ が含まれている．しかし，$^{14}C$ からの被ばくは無視できるほど少ない．

### 3・3 人工原子核反応によってつくられる人工放射性核種

1895年にレントゲンによって最初に発見された放射線がX線であり，これは陰極線の実験装置によってまさに人工的につくり出された放射線であった．しかし，**人工放射性核種**がつくられたのはこれよりもずっと後である．1934年，キュリー夫妻の娘イレーヌ・ジョリオ=キュリー（Irène Joliot-Curie）とその夫ジャン・フレデリック・ジョリオ=キュリー（Jean Frédéric Joliot-Curie）は，ホウ素（B）やアルミニウム（Al）にα線を照射すると，照射終了後も放射線の放出が続き，それぞれ14分と3.25分の半減期をもつことを発見した．これが人工放射性核種がつくられた最初の例である．しかしそれより前の1919年に，ラザフォードはポロニウム（Po）からのα線を窒素ガスにぶつけると水素原子核がたたき出されることを報告していた．これは $^{14}N$ の原子核にα線（$^{4}He$ の原子核）が衝突し，$^{17}O$ と $^{1}H$ に変わる原子核反応で，人工的に原子核を他の原子核に変換した最初の実験であった．

現在ではおびただしい数の人工放射性核種が加速器や原子炉で製造されてさまざまな研究や医療，工業などに利用されている．天然に存在する放射性核種が100種類程度なのに対し，これまでに人工的につくられた放射性核種は1700種類にも達する．

加速器は電磁気力により荷電粒子を真空中で加速するための装置で，高エネルギーの加速器によって得られる衝撃粒子は人工核反応や素粒子物理学の研究に利用されている．放射性医薬品やPET（positron emission tomography；陽電子放射断層撮影法）造影剤として利用されている多くの放射性核種が加速器であるサイクロトロンなどで製造されている．

原子炉も原子核反応の場として利用されている．原子炉は核分裂の連鎖反応を制御しながら持続させる装置である．核燃料として利用される $^{235}U$ や $^{233}U$，$^{239}Pu$ などの原子核は中性子が過剰になっていて，核分裂に伴って2～3個の中性子が放出される．この中性子が他の核分裂性の核種，たとえば

$^{235}$U に捕獲されると $^{235}$U は $^{236}$U となり，$^{236}$U は不安定で自発的に核分裂をして，2～3個の中性子が放出される．ここで放出された中性子はさらに他の $^{235}$U に捕獲され，2～3個の中性子が放出される．このようにして核分裂の連鎖が起こるのだが，連鎖反応を起こすには $^{235}$U を濃縮する必要があり，発電用の原子炉燃料では $^{235}$U は 2～4% に濃縮されている．天然ウラン中には $^{235}$U は 0.72% 程度しか含まれないので，天然ウラン鉱石の中ではこのような連鎖反応は起こりえない．核分裂反応で原子核が真二つに分裂することはまれで，たとえば $^{235}$U の核分裂では 95 と 140 付近の質量をもつ核種が生成する確率が高く，その中間の質量の核種ができる確率はむしろ低い．しかし生成する二つの核種の質量に明確な決まりはなく，きわめて多種類の核種が生じる．また核分裂で生じた**娘核種**が安定であるとは限らないので，不安定核種が生じた場合にはさらに放射壊変を繰返し，最終的に安定核種に落ち着くことになる．その過程で生じる比較的長寿命の放射性核種は，抽出分離されて放射線源として利用されている．たとえば原子炉燃料中の U の核分裂で生じる $^{137}$Cs は，$^{60}$Co に並ぶγ線源として大量に生産されている．$^{137}$Cs それ自体はγ線放射核種でないが，$^{137}$Cs がβ壊変して生じる娘核種の $^{137m}$Ba が 0.662 MeV のγ線を放出する．$^{85}$Kr や $^{90}$Sr，$^{147}$Pm などは原子炉で大量に生産され，厚さ計（物体の厚さを非接触で測定する装置）用のβ線源や放射性医薬品として利用されている．$^{99m}$Tc の**親核種**である $^{99}$Mo も核分裂生成物から分離されて利用されている．

## 3・4 放射線発生装置によってつくられる放射線

人工放射線の代名詞のような X 線は，原子核外での相互作用による荷電粒子のエネルギー変化に伴って発生する電磁波のことをいう．β線などの荷電粒子が原子核のそばを通るときに原子核のクーロン力でエネルギーを奪われ，その分のエネルギーを放出するものを**制動 X 線**という（図 1・10 参照）．荷電粒子による励起や**電子捕獲**（EC）の結果として軌道電子の空きができて，そこに外側のエネルギー準位の高い電子軌道から電子が落ち込むと，そのエネルギー差に相当するエネルギーが放出される．これを**特性 X 線**という．軌道電子の結合エネルギーは量子化された値であるので，特性 X

線はある特定のエネルギーをもち，X線のエネルギースペクトル上に特定のピークを示す．一方，制動X線のエネルギーは通過する荷電粒子と原子核との距離に依存するので，決まったエネルギー値はもたず，連続するエネルギースペクトルを示す．医療で使用するX線は，主として高エネルギーに加速した電子をターゲット物質に衝突させて発生する制動X線であるが，ターゲット物質に固有の特性X線も含まれる．レントゲンが最初に発見したX線は陰極管のガラスに陰極から放出された電子が衝突して生じたものと考えられる．偶然とはいえ，γ線に類似する電磁波放射線を人工的につくり出したといえる．

加速器を用いてさまざまな放射線がつくられ利用されている．電子，陽子（水素イオン），あるいはそれよりも重い荷電した原子核を加速器で加速して得られるビームは，それぞれ**電子線**，**陽子線**，**重粒子線**とよばれる．電子線はβ粒子を加速したもの，またヘリウムイオンビームはα粒子を加速したものと考えることもできる．そもそもα線やβ線は原子核の壊変に伴って放出される放射線であり，そのエネルギーはまちまちで連続するエネルギースペクトルをもつが，加速器を用いればそれに相当する一定のエネルギーのものを取出すことができる．

加速器を利用して$π^-$**中間子線**や，さらには中性子線もつくり出すことができる．**π中間子**というのは原子核での陽子と中性子の結合にかかわる素粒子で，$π^+$, $π^0$, $π^-$中間子が存在しそれぞれ$+e$, $0$, $-e$の電荷をもつ．これらのπ中間子は，加速した陽子を重金属のターゲットに衝突させると核破砕反応によって発生する．このうち$π^-$中間子を加速器で加速したのが$π^-$中間子線である．

**中性子線**が原子炉内の核分裂反応で生じることはすでに述べたが，加速器を使って発生させることもできる．加速器で中性子を発生させるには，加速した陽子などを重金属のターゲットに衝突させて核破砕反応で中性子をたたき出す．中性子は電荷をもたないので，中性子自体を加速器で加速することはできない．そこで光（電磁波）としての性質を利用して，全反射ミラーなどで反射して集めたものを中性子ビームとして利用する．原子炉では中性子線は連続して発生するが，加速器で発生する中性子線はパルス状である．そ

れは加速された陽子の出射がパルス状であるためである．原子炉で得られる中性子のエネルギーは燃料内部で最大で，ビームとして取出せる中性子のエネルギーは低いが，加速器で得られる中性子のエネルギーはそれよりも100倍くらい高い．

　不安定核種の壊変に伴って放出される放射線は，我々の好きに出したり止めたりできるものではなく，我々にはせいぜい線源を遮へいしてその外への放出量を調節することくらいしかできないが，加速器でつくられる放射線は，人為的に出したり止めたり，さらには好みのエネルギーのビームを得ることもできる．これらの人工放射線は原子核反応の研究や素粒子物理学の研究，あるいは医療の分野では癌治療などに利用されている．日本でも陽子線や炭素などの重粒子線を利用した癌治療が行われており，放射線医学総合研究所の医療用大型加速器（通称 HIMAC; Heavy Ion Medical Accelerator in Chiba）でも炭素イオンビームによる癌治療が行われている．最近，群馬大学にも HIMAC の小型化普及タイプの医療用加速器が完成して癌治療を開始しており，放射線癌治療の分野では重粒子利用への関心がますます高まっている．

# 4

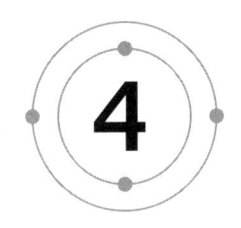

# 放射線の生体影響

　生物は生命の誕生以来，長い地質年代を通じていろいろな線源から高エネルギーの放射線を受けてきた．代表的なものとしては，大気からの宇宙線や生体内の放射性元素である．放射線と生物の関係は長い間続いてきているので，天然放射線が生命活動に関与している可能性も考えられる．しかし，これまでのところわかっている放射線の生物作用は，発癌や老化などの生体障害，すなわち放射線障害が中心である．

　それでは放射線を受けると，生体はどのように反応するのだろうか．放射線を照射された生体内では水（細胞重量の 80％）が励起され，さまざまな**活性酸素・フリーラジカル**が生成される．生成した活性酸素・フリーラジカルが生体成分と反応し，種々の障害をひき起こすと考えられる．これが，放射線の生体影響に関する**間接作用**である．一方，放射線が直接生体構成成分を不活性化する場合は，**直接作用**とよばれる．実際のところは，生体に対する影響は直接作用，間接作用の両方が関与していると考えられるが，放射線の種類による作用の違いや，放射線作用がさまざまな物理的条件や化学的条件によって起こす異なる現象，すなわち**修飾作用**は間接作用によって説明される．

　ここでは，放射線照射による生体への作用，生体への障害とその機構について述べる．

## 4・1 放射線による活性種の生成とその作用

生体が放射線を受けたときに起こる変化は，図4・1に示したように，物理的，化学的，生化学的，生物学的過程に分けられる．各領域で厳密に境界線を引くことは困難であるが，活性酸素・フリーラジカルの生成は化学的過程で起こり，その生体に対する作用は生物学的過程と考えられる．

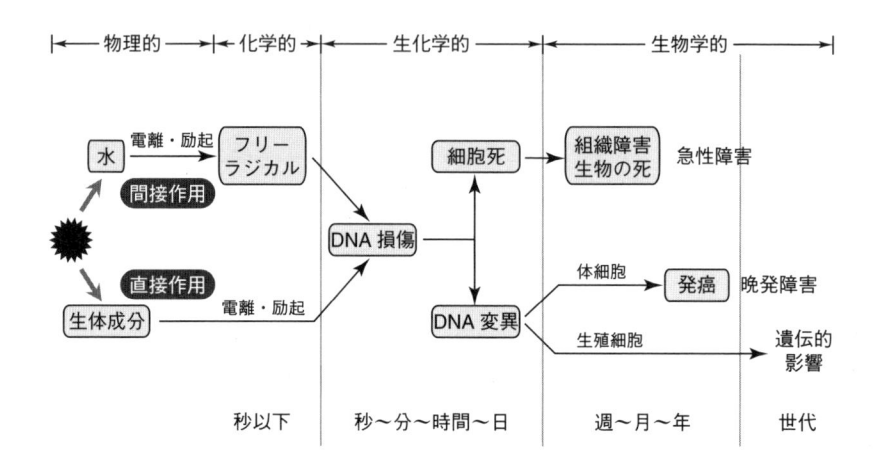

**図4・1　放射線の生物作用の時間的経過**

生物体はすべての生命の基本単位である細胞からできている．細胞の構成成分は約80％が水（$H_2O$）であり，溶質としてタンパク質や脂質，糖から成っている．したがって，生体に電離放射線が照射されたときに最初に誘起される化学変化は，放射線のエネルギーを吸収して電離，励起された水分子からのフリーラジカルの生成である．

放射線の間接作用は，この水の放射線分解で生成された活性種によりひき起こされると考えられるが，生体内の酸素の存在によって，さらに種々の活性酸素やフリーラジカルが生成され，放射線の作用が強められる．これが**酸素効果**とよばれ，酸素のないときに比べ，放射線作用が2.5〜3倍程度大きくなると考えられている．

## 4・2 放射線による細胞影響

すべての生物は，細胞から構成されている．人間の場合，約60兆個の細胞からできているが，もとは1個の細胞（受精卵）がつぎつぎと分裂したものである．すなわち，細胞の中に自分と同じ細胞をコピーするための情報が含まれており，その設計図が**DNA**（デオキシリボ核酸；deoxyribonucleic acid）で，それぞれの細胞にDNAが収められている．細胞はエネルギーや有用な化合物を生産したり，分裂して別の細胞をつくったりすることにより生命維持を行っている．このような細胞の役割はすべてDNAに記録されている．放射線が体に当たると，活性酸素・フリーラジカルが生成され，これら活性種がDNAの構成成分と反応し，DNAを壊してしまう．DNAには自己修復機能があるが，修復不能なほどDNAが壊れると，必要なエネルギーや新たな細胞がつくられなくなる．また，誤った情報を基に癌細胞がつくられることもある．

頻繁に細胞が分裂することにより維持されている生命は，広い範囲にわたって細胞のDNAが壊れたり，重要な部位の細胞のDNAが壊れたりすると重篤な危機に陥る．あるいは，当初は異常がないようにみえても徐々に危険な状態に陥る場合や，異常なDNAが遺伝してしまう場合もある．

ある線量以上の放射線が細胞にあたると，DNAが破壊されて短い時間で細胞が死に至る．このような細胞死には**ネクローシス**（壊死）と**アポトーシス**（プログラム細胞死）がある．ネクローシスは，さまざまな障害により多くの細胞が死ぬ現象で，局所的には炎症を伴う．一方，アポトーシスは，発生過程や器官形成の際にもみられる生理的な細胞死であるが，放射線でも起こる．

一般に，増殖細胞は放射線に対する感受性が高い．比較的低い線量を被ばくしたときは，細胞は照射後数回分裂した後に分裂を止める．これを**分裂死**（または**増殖死**）という．分裂死に対する放射線の影響をコロニー形成率でみてみると，線量の増加とともにコロニー形成率は減少する．すなわち，分裂死が線量の増加とともに増大する．

電離放射線が荷電粒子の飛跡に沿って，単位長さ当たりに与えるエネルギー量を**線エネルギー付与**（LET；linear energy transfer）という．X線やγ

線, β線はLET値が低い低LET放射線で, 細胞に与える損傷の2/3は間接作用による. α線や中性子線はLET値が高い高LET放射線で, 直接作用が主である. 高LET放射線の照射では細胞の生存率は低LET放射線よりもはるかに低い線量で低下する (図4・2).

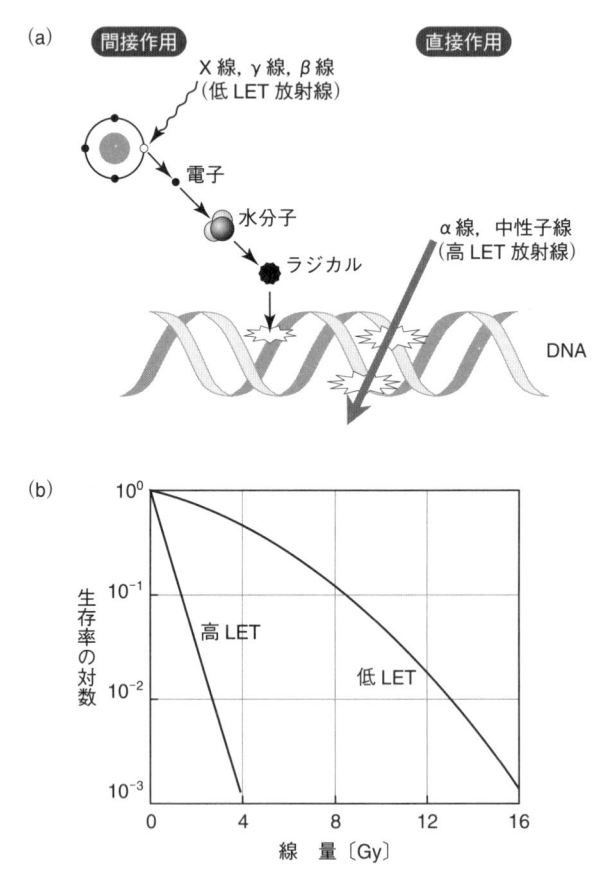

図4・2 LET放射線による (a) DNA損傷と (b) 細胞の生存率.
〔(b) はICRP (国際放射線防護委員会) 1990年勧告による.〕

細胞への放射線照射では, 総線量が同じであれば, 一度に照射しても分割照射しても生存率は同じであると予想される. しかし, 照射を分割し, 照射

の間隔時間を長くするに従い生存率は上昇する．これは，1回目の照射では細胞に対する損傷が十分ではなく死なずに生き残り，次の照射の前までにその損傷が修復されたためと考えられる．1回目の照射を細胞の生存率に影響を与えない低線量（5～200 mGy）で照射することにより，2回目の高線量照射の効果が小さくなる現象が知られている．最近，この効果が低線量放射線の適応応答であるという研究も行われている．

また，分割照射の場合，低線量で連続照射を行うと，細胞のもつ修復機能により照射中でも損傷が修復されるので，急照射（高線量率で短時間照射）に比べ生存率が2～3倍高くなる．この現象を**線量率効果**という．

## 4・3　放射線による人体影響と生体障害

放射線は直接的あるいは間接的に細胞内のDNAを損傷する．DNAの損傷が軽い場合は修復酵素によって修復されるが，修復が不可能になると細胞はDNAが損傷した状態で分裂するか，あるいは細胞死を起こす．これらの影響が蓄積し，拡大していって生体機能が低下した状態が**放射線障害**である．

放射線被ばくの原因は，大きく放射線照射と放射能汚染の二つに分けられる．実際には，多くの放射線事故でこの両方が起こる．

**放射線照射**は，外部から放射線が体を直接貫通することによる被ばくであり，被ばく後すぐに発病する（**急性障害**）場合と，DNAが損傷を受け，癌や子どもの先天異常などの慢性疾患をひき起こす（**晩発障害**）場合がある．

**放射能汚染**は，多くの場合，粉末状や液状の放射性物質に触れることで起こる．事故により放出された放射性物質が，大気によって運ばれ建物や土壌に付着して汚染が広がる．また，海洋中に放出された放射性物質については**生物濃縮**による汚染も懸念される．

### 4・3・1　自然界および人工放射線からの被ばく

我々は自然界から低レベルの放射線を受けている．大気圏外からの放射線（宇宙線）も受けていて，その量は低いが，航空機の利用で高い高度に上がると，線量も増加する．放射性元素，特に$^{40}$Kは動植物体内に，ラドンは岩

石や鉱物の中に存在する．これらの放射性元素は，最終的には食品や建築資材などのさまざまな物質に含まれている．地下室は地面に近接しているため，ラドンにさらされるリスクが高くなる．また，過去の大気圏内核実験による放射性降下物（フォールアウト）や，さまざまな医学検査や治療のために受ける放射線など，人工的な要因によっても放射線を受けている（表4・1）．一般に，1人当たりの**被ばく線量**は天然放射線からは年間世界平均で 2.4 mSv，日本平均は約 1.5 mSv になる．放射線による障害は被ばく量，線量や時間など，いくつかの要因で決まる．

表4・1 放射線診断による被ばく線量[†]

| 検　　査 | 実効線量〔mSv〕 | |
|---|---|---|
| | 1件当たり | 1人当たり1年間の平均値 |
| 一般X線検査 | 0.1〜7.4 | 0.62 |
| CT検査 | 2.4〜12 | |
| 歯科X線診断 | 0.2〜1.3 | 0.0018 |
| 核医学検査 | 4.5〜19 | 0.031 |

[†] UNSCEAR（国連科学委員会）2008年報告による．

### 4・3・2　人体内放射性核種の線量

人体を構成している成分は酸素，炭素，水素，窒素が 96% 以上を占め，ついでカルシウム，リン，カリウム，硫黄，ナトリウム，塩素などである．この他に，微量のマグネシウムや鉄などが含まれている．しかし，人体内の放射能からみてみると，最も多く含まれている放射性核種はカリウムの中に約 0.0117% 含まれているカリウム-40（$^{40}$K）である．$^{40}$K は食品中に含まれている天然の放射性核種の中でも最も多い．食物として人体に取込まれたカリウムは生理的に調節されていて，常に一定の濃度に保たれているので $^{40}$K の体内量も一定である．体重 60 kg の日本人の成人男子の体内には $^{40}$K が約 4000 Bq 存在している．この $^{40}$K は年齢とともに少なくなり，通常，女性は男性より少ない．その他の放射性核種では炭素-14（$^{14}$C）が多く，ついでルビジウム-87（$^{87}$Rb），ポロニウム-210（$^{210}$Po），鉛-210（$^{210}$Pb）の

## 4・3 放射線による人体影響と生体障害

順である(表 4・2). 表から明らかなように,体重 60 kg の成人男性はおおよそ 7000 Bq の放射能を出している放射性物質を体内にもっている.ちなみに成人は日常約 2 g のカリウムを摂取しており,$^{40}$K は K 全体の 0.0117 % なので,$^{40}$K を約 50 Bq 摂取していることになり,$^{40}$K による年間被ばく量は約 0.2 mSv である.

表 4・2 体内の放射性物質の量[†]

| 放射性核種 | 放射能 [Bq] |
| --- | --- |
| $^{40}$K | 4000 |
| $^{14}$C | 2500 |
| $^{87}$Rb | 500 |
| $^{210}$Po, $^{210}$Pb | 20 |
| 合計 | 7000 以上 |

[†] 体重 60 kg の日本人の成人男子."生活環境放射線データに関する研究"原子力安全研究協会(1983)による.

### 4・3・3 被ばく量による障害の相異

一度に大量の放射線を全身に被ばくした場合,死に至ることもある.一方,同じ線量を数週間,あるいは数カ月に渡って被ばくした場合では,影響はかなり小さくなる.線量が同じならば,急速に被ばくした方が遺伝子の損傷が大きくなるためである.被ばくによる DNA 損傷が生じ,その損傷が修復されず固定された場合,細胞の活動が異常化し,癌や白血病をひき起こす場合がある.また,体の一部に多量の放射線を被ばくし,特定の器官において多数の細胞が死滅した場合,その器官の機能が損なわれ生体に障害をひき起こす.

低線量の放射線を被ばくしたときの障害はどうかというと,たとえば 100 mSv の被ばくでは放射線に最も感受性の高いリンパ球の減少がみられる場合がある.これ以下の線量の被ばくでは,検査で検出できる症状は現れないといわれている.ただし,低線量の放射線被ばくでも将来癌になる可能性があるので,国際放射線防護委員会(ICRP; International Commission on

Radiological Protection）では一般公衆がこれ以上被ばくしてはいけないという**線量限度**を勧告している（表 4・3）．この値は，医療（診断と治療）被ばくを除いて，通常考えられるあらゆる被ばくをできる限り低く保つために設定した値で，健康被害の可能性から導入した値ではない．

表 4・3　1 年間の線量限度 [†]

| 限度のタイプ | 職業被ばく〔mSv〕 | 公衆被ばく〔mSv〕 |
|---|---|---|
| 実効線量 | 20（5 年間の平均値） | 1 |
| 組織等価線量 | | |
| 　眼の水晶体 | 150 | 15 |
| 　皮膚（1cm$^2$ 当たりの平均値） | 500 | 50 |
| 　手足 | 500 | — |

† ICRP（国際放射線防護委員会）2007 年勧告による．

### 4・3・4　組織による障害の相異

体の部位により**放射線感受性**が異なるため，放射線を被ばくする部位も重要である（図 4・3）．たとえば，腸や骨髄などの細胞増殖が速い組織や臓器

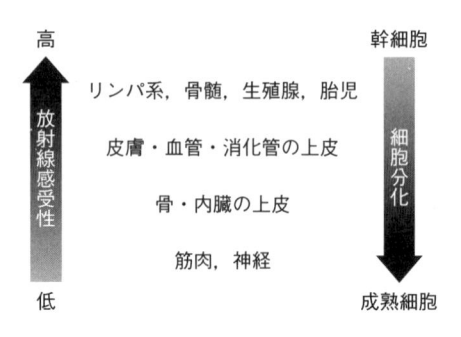

図 4・3　組織・臓器の放射線感受性

は，筋肉などの細胞増殖速度が遅い部位に比べ，放射線の影響を受けやすい．同様に，精子や卵子も放射線の影響を受けやすい．したがって，癌の放射線治療では，感受性の高いこれらの部位を厳重に保護したうえで，高線量

の放射線を病巣部に集中的に照射し癌細胞を破壊する.

人体はいろいろな組織や臓器から成り立っている.全身が放射線に被ばくしたとき,それらの組織・臓器の中でも放射線感受性が高く,しかも重要な身体機能を担っている組織・臓器への影響が最も問題となる.このような被ばくにより最も重要な影響を受ける組織・臓器を**決定器官**という.たとえば,遺伝的影響にとっては放射線による生殖腺の障害が最も重大である.

## 4・4 吸収線量と等価線量,実効線量

放射線障害を評価する際,人体が浴びた放射線の量を表す方法に,吸収線量と等価線量,実効線量がある.

放射線が物質に当たると,電離や励起を通じて放射線のエネルギーが物質に与えられる.物質中でどれだけの放射線のエネルギーが吸収されたかを表す量が**吸収線量**で,生体影響とは関係のない物理量である.単位は Gy で,1 Gy は 1 kg の物質に 1 J のエネルギーが吸収された場合の線量である.

放射線が人体に当たった場合も,吸収線量が大きいほど起こる影響(障害)の程度も大きい.しかし,同じ吸収線量の場合でも,当たった放射線の種類やエネルギーによって影響の程度が異なってくる.つまり,高 LET 放射線の $\alpha$ 線や中性子線の方が,低 LET 放射線の $\beta$ 線や X 線,$\gamma$ 線の場合に比べて生物学的影響は大きい.

そこで,放射線防護の観点から,吸収線量の値を放射線の種類やエネルギー別の**放射線加重係数**で重みづけした値が必要となり,**等価線量**とよぶことにした.つまり,

$$\text{等価線量} = \text{吸収線量} \times \text{放射線加重係数} \quad (4\cdot1)$$

である.この等価線量の単位が Sv である.

表 4・4 には各放射線の加重係数を示している.X 線,$\gamma$ 線や $\beta$ 線の場合は,実際には 1 Sv は 1 Gy と同じと考えてよいが,$\alpha$ 線の場合には 20 倍,中性子線の場合には 2.5〜20 倍の影響がある.

人体が放射線を受けたときの生物学的影響は,体の一部の組織・臓器が受けたとき(**局所被ばく**)と全身で受けたとき(**全身被ばく**)とでは,大きく異なってくる.全身被ばくではいろいろな組織・臓器に癌ができることがあ

## 4. 放射線の生体影響

**表4・4 放射線加重係数**[†]

| 放射線の種類 | 放射線加重係数 |
| --- | --- |
| 光子（γ線，X線） | 1 |
| 電子（β線）とμ粒子 | 1 |
| 陽子と荷電π中間子 | 2 |
| 中性子（中性子線） | およそ2.5～20（エネルギーに依存） |
| α粒子（α線），核分裂片，重イオン | 20 |

[†] ICRP（国際放射線防護委員会）2007年勧告による．

るが，局所被ばくでは，その組織・臓器にしか癌はできない．しかも図4・3に示したように，特定の組織・臓器では放射線に対して影響を受ける程度は異なっている．このような差を考慮して，一部の組織・臓器が受けた等価線量を，全身に受けたときの線量に換算して足した値を**実効線量**とよんでいる．すなわち，

$$\text{実効線量} = \sum(\text{各組織の等価線量} \times \text{組織加重係数}) \quad (4\cdot2)$$

である．表4・5に**組織加重係数**を示している．各組織加重係数の和は1である．たとえば，胸部単純撮影で被ばく線量（皮膚面）が 0.2 mGy のとき，実効線量＝（骨髄 0.12 ＋肺 0.12 ＋乳房 0.12 ＋食道 0.04 ＋皮膚 0.01 ＋骨表面 0.01）× 0.2 mGy ＝ 0.084 mSv になる．また，腹部のX線CT撮影での被ば

**表4・5 組織加重係数**[†]

| 組織・臓器 | 組織加重係数 | 組織・臓器 | 組織加重係数 |
| --- | --- | --- | --- |
| 乳房 | 0.12 | 肝臓 | 0.04 |
| 骨髄（赤色） | 0.12 | 膀胱 | 0.04 |
| 結腸 | 0.12 | 骨表面 | 0.01 |
| 肺 | 0.12 | 皮膚 | 0.01 |
| 胃 | 0.12 | 脳 | 0.01 |
| 生殖腺 | 0.08 | 唾液腺 | 0.01 |
| 甲状腺 | 0.04 | 残りの組織・臓器 | 0.12 |
| 食道 | 0.04 | 合計 | 1.00 |

[†] ICRP（国際放射線防護委員会）2007年勧告による．

く線量（皮膚面）が 30 mGy の場合は，実効線量＝(骨髄 0.12 ＋胃 0.12 ＋肝臓 0.04 ＋皮膚 0.01 ＋骨表面 0.01 ＋残りの組織・臓器 0.12)× 30 mGy ＝ 12.6 mSv と高い値になる．

## 4・5 確定的影響と確率的影響

第 5 章 "放射線被ばくと防御" で詳しく述べるが，放射線防護の観点から，放射線の影響は確率的影響と確定的影響に分けて考えられている．

### 4・5・1 確定的影響

**確定的影響**は，ある限界線量（しきい線量，しきい値）を超えると初めて影響が現れる場合で，その線量以下では臨床症状が認められないという限度があるものである．これは，放射線被ばくによって DNA が切断されても，ある限度までは修復機能が有効に働くことによる．

図 4・4 に示すように，確定的影響では，放射線の被ばく線量が大きければ大きいほど臨床症状が重くなる．たとえば皮膚障害の場合は，線量の増加に伴って，脱毛→紅斑→水疱→潰瘍と症状が重くなる．急性障害，白血球減少，白内障などの身体的影響は確定的影響である．また，同程度の被ばく線量であれば，誰にでも同じ症状が現れる．

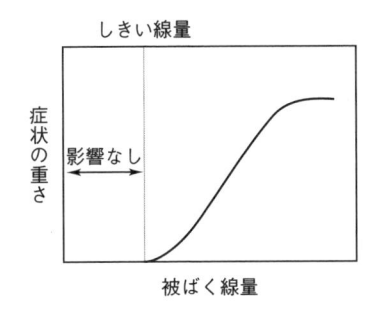

図 4・4 確定的影響

### 4・5・2 確率的影響

**確率的影響**は，影響が現れるのにしきい線量がない場合である．言い換えれば，低い被ばく線量でもある確率で起こると仮定した影響であり，白血病

を含む発癌リスクや遺伝的影響が確率的影響である．放射線防護を考えるとき，確率的影響の発生率は，被ばくした放射線の量に比例するものと仮定する（図4・5）．これは，これ以下の被ばく線量ならば障害が起こらないと考えるよりも，たとえ頻度はごく小さくても，線量に比例して障害がありうると考える方がより安全だからである．つまり，図4・5の中の点線は，安全側の仮定の上に立って推定した線量と効果の関係を示している．

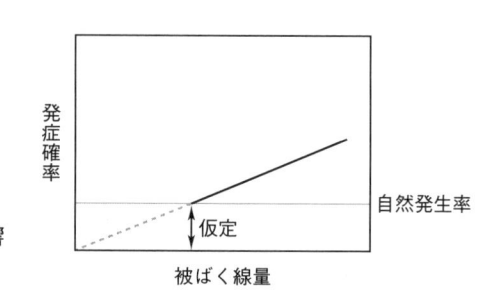

図4・5　確率的影響

## 4・6　放射線障害の症状

放射線障害は身体的影響と遺伝的影響に分けられる（図4・6）．身体的影響は被ばくした人自身に起こる影響で，**急性障害**（早期影響），**晩発障害**（晩性影響）と胎児への影響がある．急性障害は被ばく後数週間以内に現れる影響で，晩発障害は被ばく後数年から数十年後に現れる影響である．また，胎児への影響は妊娠時に被ばくしたときの影響である．

### 4・6・1　急　性　障　害

高線量の放射線を全身，あるいは身体の広範囲に被ばくすると，被ばく線量に応じてさまざまな障害が現れる．これが**急性放射線症**である．急性放射線症はいくつかの段階を経て進行する．被ばく後最初の48時間以内に現れる食欲不振，悪心・嘔吐，倦怠感などの症状を初期症状（前駆症状）とよぶ．潜伏期は，初期症状から発生期に至る中間の過程で，疲労感のほかには無症状の期間である．その後，被ばくした放射線の量に応じてさまざまな症候群が続く．放射線量が多いほど症状が重くなり，初期症状からその後の発症期まで短期間で進行する．

4・6 放射線障害の症状　　　　　　67

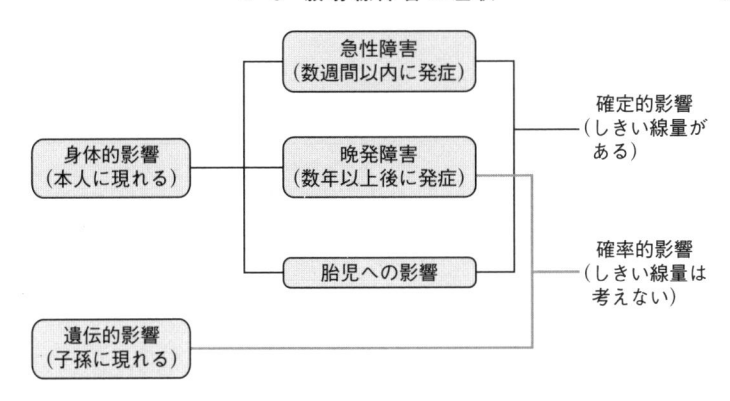

図4・6　放射線障害の分類

発症期には，6000～7000 mGy 以下の被ばくで，おもに放射線感受性の高い骨髄に障害がみられる．骨髄が障害を受けると，白血球や血小板が減少して貧血がみられるようになる．皮膚においては，紅斑や脱毛（5000 mGy 以

表4・6　急性障害の症状

| しきい線量〔mGy〕 | 全身被ばく | 局所被ばく［組織］ |
| --- | --- | --- |
| 150 |  | 一時的精子数減少［精巣］ |
| 250 | 白血球の減少 |  |
| 500 | リンパ球の減少 |  |
| 1000 | 悪心，嘔吐 |  |
| 2000 | 頭痛，発熱 | 白内障［眼］，一時的紅斑［皮膚］ |
| 2500 |  | 不妊［卵巣］ |
| 3000 | （～4000）治療しないと 60 日以内に 50％の人が死亡 | 一時的脱毛［皮膚］ |
| 3500 |  | 不妊［精巣］ |
| 4000 | 下痢 |  |
| 6000 | （～7000）治療しても 60 日以内に 50％の人が死亡 | 紅斑［皮膚］ |
| 7000 |  | 永久脱毛［皮膚］ |

上), 潰瘍 (25,000 mGy 以上), 壊死 (50,000 mGy 以上) が生じる. 10,000 mGy (10 Gy) 以上の被ばくでは, 脊髄障害に加えて消化管の障害が発生し, 腹痛や嘔吐, 下痢などがみられる.

数十 Gy 以上の被ばくでは, 骨髄, 消化管の障害に加えて中枢神経系の障害が発生し, 短時間で死亡する. 中枢神経系の障害により, 感情鈍麻, 興奮, 運動失調, 痙攣, 意識障害などが現れる. 表4・6には, 多量の放射線を被ばくしたときの全身被ばくと局所被ばくでの症状をまとめて示した.

### 4・6・2 晩発障害

低線量放射線を被ばくしたとき, また低線量率 (単位時間当たりの線量が低い) の放射線を繰返し被ばくしたとき, 数カ月から数十年後に白血病や癌などの悪性腫瘍, 白内障, 老化の促進などが出現する可能性がある. これが晩発障害といわれるものである.

### 4・6・3 胎児への影響

放射線を被ばくしたときの妊娠時期と被ばく線量による影響を表4・7に示してある. 着床前期で 100 mGy 以上の被ばく線量では流産するとの報告

表4・7 胎児への影響

| 被ばく時期 | しきい線量〔mGy〕 | 発生障害 |
| --- | --- | --- |
| 着床前期 (受精~受精後 8 日) | 100 | 流産 |
| 器官形成期 (受精後 2~8 週) | 100 | 小頭症の発生 |
| 胎児期 (受精後 8 週~出生) | 100 | 発育の遅れ |
| (特に 8~15 週) | 120 | 精神遅滞発生 |

があるが, 流産しなかった場合は正常に成長する. 器官形成期に 500 mGy 以上の線量を被ばくすると奇形の発生がみられる. 実際, 原爆被爆者で小頭症の報告がある. 胎児期に 200 mGy 以上の線量で被ばくすると精神遅滞や発育の遅れがみられる. 原爆被爆者では, この時期の被ばくでは, 奇形や死亡はみられなかったが, 精神遅滞や発育遅延の影響がみられている.

### 4・6・4 遺伝的影響

遺伝的影響は，生殖腺に被ばくを受けた個人の子孫に世代を超えて起こる影響で，放射線によって精子や卵子などの生殖細胞（胚細胞）に突然変異が起こることが原因である．ショウジョウバエなどを用いた実験では遺伝的影響が確認されているが，原爆被爆者の2世については遺伝的障害（生まれてくる子どもに性比の偏りがあるか，染色体に遺伝性異常が生じているか，血球タンパク質に突然変異があるか，癌発生率および癌以外の死亡率に異常がみられるか）の明らかな増加を示す確実な証拠は得られていない．

## 4・7 放射性物質の生体内挙動と標的組織

放射性物質が体内に取込まれると，その核種の化学的性質により特有の体内挙動（吸収，移行，分布，滞留，排泄）を示す．放射性物質が体内に取込まれたときの問題は，その核種がどの組織・臓器に蓄積されるかである．そこの部位で放射線障害がひき起こされるからである．

ここでは，福島第一原子力発電所の事故で排出された代表的な放射性物質である放射性ヨウ素，セシウムおよびストロンチウムの体内動態・組織滞在性について概観する．詳細は6章で述べる．

### 4・7・1 放射性ヨウ素

核実験や原子炉事故のとき，多量に放出された放射性ヨウ素は広範な地域に汚染をひき起こす．放射性ヨウ素（I）は容易に体内に取込まれ，甲状腺に蓄積して被ばくを起こす可能性がある．

原子炉事故のとき，核分裂により生成し，$^{129}$I, $^{131}$I, $^{132}$I などが無機あるいは有機ヨウ素の形で，ガスとして放出される．事故の際，一般公衆が被ばくする場合は，放出後短時間は $^{131}$I や短半減期の同位体を吸入することで被ばくする．放出後時間が経過したり，原子炉施設から遠い地域の住民は，$^{131}$I が被ばくの主因となる．この場合は，吸入よりも汚染した食品からの摂取が主たる原因となる．$^{131}$I は半減期が8.1日で，β壊変すると半減期11.8日の $^{131m}$Xe となる．

事故などで放出される放射性ヨウ素は，その化学形を問わず，体内に吸収

されるとイオン$I^-$の形を取ると考えられている．消化管や肺などから体内に取込まれたヨウ素は$I^-$として，血液中に移行する．このうち約10〜30％が摂取後24時間までに甲状腺に取込まれ，一部は唾液腺などで濃縮され，唾液などに分泌される．それ以外のヨウ素は主として腎臓より尿中に排泄される．

### 4・7・2 放射性セシウム

放射性セシウムの中で問題となるのは$^{137}Cs$である．$^{137}Cs$は核分裂のときに高い収率で得られ，半減期30年で，β線を放出して準安定同位体$^{137m}Ba$に，さらに半減期2.55分の$^{137m}Ba$はγ線を放出して安定な$^{137}Ba$になる．

セシウム（Cs）は周期表でナトリウム（Na），カリウム（K）などと同じ第1族に属し，化学的性質が似ているので体内動態も類似している．セシウムはナトリウムやカリウムと同様に経口摂取されると消化管からほぼ100％吸収されて血液中に入り全身に分布する．しかし，セシウムは高濃度に蓄積する組織や臓器はなく，全身に分布するが，筋肉にやや多く蓄積する．セシウムが体外へ排出される速度は比較的速い（成人で生物学的半減期110日）が，放射性セシウムからのβ線やγ線の放出が内部被ばくとして問題となる．

多くの放射性核種の中で放射性セシウムが重要視される大きな理由は食物連鎖で人体に取込まれやすいことによる．

### 4・7・3 放射性ストロンチウム

放射性ストロンチウムのなかで問題となるのは$^{90}Sr$である．$^{90}Sr$は半減期が28.8年と長く，β線を放出して半減期2.67日の$^{90}Y$となり，$^{90}Y$もβ壊変して$^{90}Zr$となる．$^{90}Y$は，核分裂直後はほとんど存在しないが，時間の経過とともに量が増す．1カ月後には放射平衡が成立して，$^{90}Sr$と$^{90}Y$の放射能強度は等しくなる．ストロンチウム（Sr）は周期表でカルシウム（Ca）と同じ第2族に属しているので，その化学的，物理学的性質はカルシウムときわめて類似している．ストロンチウムの化合物は水に溶けやすいものが多い．体内摂取されると，一部は速やかに排泄されるが，かなりの部分は骨の

無機質部分に取込まれ,なかなか排泄されにくく,これを除去することは難しく長く残留する.そのため,内部被ばくの影響が大きい.おもな体内摂取の経路は牧草を経て牛乳に入る過程で,土壌中から野菜や穀物などに入ったものが体内に摂取されることもある.また,大気中に放出されたときには葉菜の表面への沈着が問題になる.

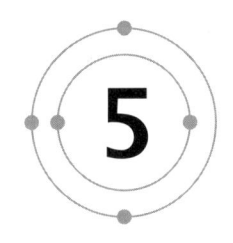

# 放射線被ばくと防御

## 5・1 人体に対する放射線の作用

第1章で述べたように，1895年にレントゲンがX線を発見したことから，人類と放射線の緊密な関係が始まった．X線の発見に引き続いて，1896年のベクレルによるウランの放射能の発見，1898年のキュリー夫妻によるポロニウムやラジウムの発見があった．それ以降，放射線の科学的研究と放射線を人類のために利用しようとする研究が急速に進展した．

その一方で，放射線は人体に作用して障害をひき起こすことが，放射線の発見初期の段階からわかっていた．たとえば，1896年にはX線による急性皮膚炎が報告され，さらに脱毛や造血障害が数年のうちに知られるようになった（表5・1）．放射線は，タイヤ製造におけるゴムの架橋形成による強度増強，非破壊検査，医療器具の滅菌，ジャガイモの発芽抑制のための照射等，産業界で広く利用されている．また，X線撮影，陽電子放射断層撮影法（PET），放射線癌治療などの医療分野での利用も急速に拡大している．さらに，原子力発電所の事故が発生すると，不特定多数の人々の被ばくの問題も生じる．したがって，放射線を被ばくすることは特殊な人間だけの問題とはいえない．

## 5・2 確定的影響と確率的影響

第4章で述べたように，放射線の影響は，観点の違いによりさまざまに分

## 5. 放射線被ばくと防御

**表 5・1 放射線による障害発生の歴史**

| 年 | 放射線の発見 | 放射線障害の発生 |
|---|---|---|
| 1895 | X 線 | |
| 1896 | ウランの放射能 | 手の放射線皮膚炎,脱毛,放射線火傷 |
| 1898 | ラジウムの放射能,α 線,β 線 | |
| 1900 | γ 線 | |
| 1901 | | モルモットの急性死,実験動物における流産 |
| 1902 | | 慢性放射線潰瘍から皮膚癌への悪化 |
| 1903 | | 動物の骨の発育障害 |
| 1904 | | 白血球減少症 |
| 1911 | | 放射線科医における白血病誘発 |
| 1919 | | 胎児 X 線照射による奇形 |
| 1923 | | ダイアルペインター[†1]のラジウム顎[†2] |
| 1924 | | ラドンによる肺癌 |
| 1926 | | ダイアルペインター[†1]の白血球減少性貧血 |

[†1] ラジウム含有夜光塗料を時計の文字盤に塗布する作業を行う従業員.
[†2] ラジウムが顎の骨をボロボロにした.中には顎の骨が完全になくなってしまう人も出てきた.

類することができる(図 4・6 参照).人の被ばく管理の立場からは,放射線の生体への影響を確定的影響と確率的影響に分類することが便利である.

　高線量の放射線に被ばくすると細胞死が起こり,比較的早期に脱毛,不妊などの**急性障害**が起こる.このような影響は,ある線量を被ばくすると必ず起こるので,**確定的影響**という.細胞死が起こっても,その数が限定的な場合は,組織の機能は代償作用によって維持される.したがって,ある特定の線量を被ばくするまでは,症状が現れないことになる.このような線量を**しきい線量**とよぶ(図 4・4 参照).また,確定的影響では,症状の重さは被ばく線量に依存する.一方,発癌のように,発症が線量に比例して確率的に起こるような影響を**確率的影響**という.確率的影響では,しきい線量が存在せず,被ばく線量がどんなに低くてもそれに応じた確率で影響が生じると考える(図 4・5 参照).しかしながら,放射線による発癌において,本当にしきい線量がないかどうかという問題は科学的には決着がついていない.放射線管理の立場からは,しきい線量がなく直線的な依存性をもつという **LNT** (linear-non-threshold) **仮説**に基づいて種々の規則がつくられている．確率的影響では，症状の重さは被ばく線量に依存せず，一定である．

急性障害は必ず確定的影響であるが，**晩発障害**は必ずしも確率的影響ではなく確定的影響もあることに注意しなければならない．たとえば，白内障は晩発障害であるが確定的影響になる（表5・2）．遺伝的影響は必ず確率的影響になる．

表5・2 確定的影響と確率的影響の比較

|  | 線量が及ぼす影響 | しきい線量 | 影響の例 |
|---|---|---|---|
| 確定的影響 | 症状の重さ | あり | 癌, 白血病 |
| 確率的影響 | 症状の発生率 | なし | 脱毛, 不妊, 白内障, 皮膚障害 |

## 5・3 放射線障害に影響を与える因子

放射線被ばくにより，人体は障害を受ける．その障害の程度に対してはさまざまな因子が影響を与える（表5・3）．被ばくの形態としては，体外にあ

表5・3 放射線障害に影響を与える因子

| 被ばくの形態 | 外部被ばくか内部被ばくか |
|---|---|
| 線　量 | 被ばくした総線量がどの程度か |
| 線量率 | 短時間被ばくか長時間被ばくか<br>1回被ばくか分割被ばくか |
| 線　質 | 透過性が低い放射線か高い放射線か<br>低 LET 放射線か高 LET 放射線か |
| 被ばく部位 | 全身か局所か |
| 年　齢 | 胎内か乳幼児か子供か大人か |
| 組織分化度 | 分化が進んだ組織か未分化の組織か |

る線源からの放射線による**体外被ばく**（**外部被ばく**），体表面に付着した放射性物質による**体表面被ばく**，および体内に取込んだ放射性物質から放出さ

れる放射線による**体内被ばく**（**内部被ばく**）の三つに分類できる．体表面被ばくは体外被ばくと同様に扱えるので，外部被ばくと内部被ばくに大別して考えてよい（図5・1）．被ばくによる障害発生の程度は線量に大きく依存するが，線質や線量率にも依存する．また，全身に被ばくした場合と局所に被ばくした場合では，生じる障害が異なることが多い．

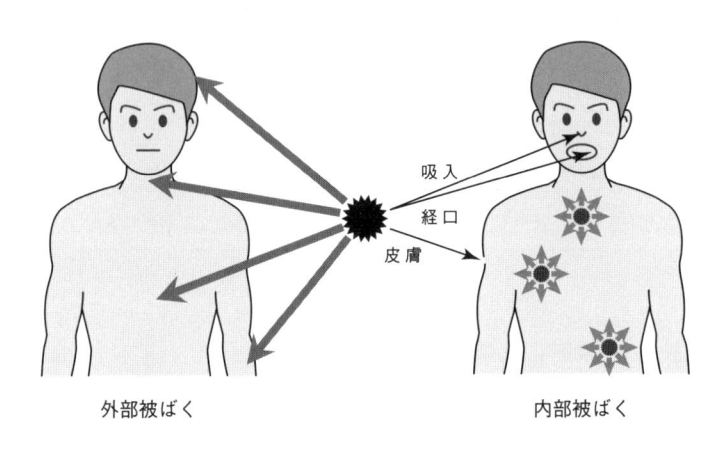

図5・1 外部被ばくと内部被ばく

## 5・4 外部被ばくと内部被ばく

　放射線による生体障害を防御する手法を進歩させることにより，放射線による事故が起こってしまった場合にも人への被害を最小限にとどめることができるであろう．また，備えがあれば安心できるので，防御手法の進歩は放射線を利用するためにも重要である．実際の防御の手法は，外部被ばくと内部被ばくを分けて考える必要がある．ここでは，外部被ばくと内部被ばくの特徴と，それに伴う防御手法について説明する．

### 5・4・1 外部被ばくの特徴

　体外にある線源（放射性核種，放射線発生装置）から発生した放射線によって被ばくする外部被ばくの場合，体表に当たった放射線は体内に進んでいくに従ってエネルギーを減らしていくので，一般に，体表の被ばく線量の

方が体の中心部の被ばく線量よりも大きくなる．この被ばく線量の差は線質により大きく異なり，電磁波の仲間で透過力の高いX線やγ線では小さいが，透過力の低いβ線やα線では大きくなる（図1・9参照）．

### 5・4・2 外部被ばくの防護

外部被ばくの防護には三つの原則がある．すなわち，時間，距離，遮へいである．

**時間**：被ばく線量は被ばくした時間に比例する．したがって，他の防護手段がとれない場合も，被ばくする時間を最小限にすることにより，外部被ばくを最小限に抑えることができる．放射線を取扱う作業を予定している場合は，被ばく時間をなるべく短くするために，計画を綿密に立てるとともに，非放射性の化合物を用いた模擬実験やシミュレーションにより，事前に問題点を把握しておくことが重要である．

**距離**：放射線の線量は，光の強さと同様に，線源までの距離の2乗に反比例する（図1・8参照）．したがって，実際の作業を行うにあたって，線源からの距離をとることによる防護効果は大きい．

**遮へい**：適当な遮へい物の使用により，外部被ばく線量を大幅に減じることができる．この場合，放射線の線質に応じた遮へい物を用いることが重要である．図1・9に示したようにα線は透過力が非常に小さく，紙1枚でも遮へいできる．β線も透過力が小さく，プラスチックや薄いアルミ板で遮へいできる．通常使用するβ線は，最大エネルギーが2 MeVまでであるので，厚さ1 cmのプラスチックで完全に遮へいすることができる．エネルギーの高いβ線を遮へいするために，鉛のような密度の高い物質を使用すると，透過力の高い制動X線が生じるので注意が必要である．線源の周りをまずプラスチックで囲んで，その外側を鉄や鉛などで遮へいすることが必要である．一方，γ線は透過力が高く，γ線の遮へいには，通常，鉛，鉄，コンクリートを用いる．中性子線は非常に透過力が高く，遮へいのためには，陽子を多く含んで中性子の速度を落とす水やコンクリートの厚い層が必要である．

このような時間，距離，遮へいという外部被ばくの防護の3原則は**職業被ばく**を防ぐために重要であるが，この原則は一般公衆が外部被ばくを低減するときにも成り立つものである．たとえば，福島第一原子力発電所事故で生じたホットスポットについても，そこに近づかない，あるいはその近辺にいる時間をできるだけ短くすることで，被ばく線量を大幅に低く抑えることができる．

### 5・4・3 内部被ばくの特徴

体内に取込まれた放射性物質による内部被ばくの経路には，吸入，経口，皮膚からの三つがある（図5・2）．

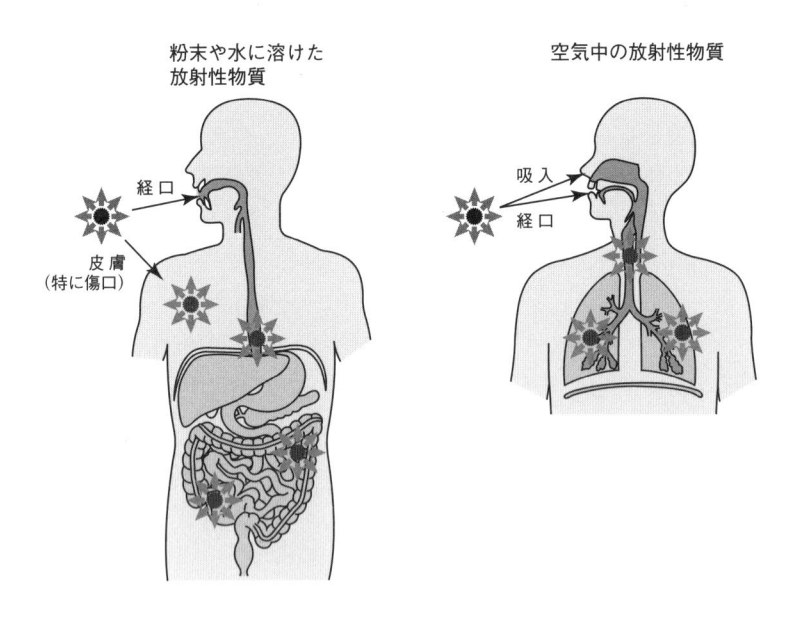

図5・2 内部被ばくの経路

**吸入摂取**：ラドンやヨウ素のような気体状の放射性物質や放射性の微粒子を呼吸によって吸い込む場合である．

**経口摂取**：放射性物質を含有，あるいは付着した食物を飲食することによ

る.

**皮膚からの取込み**: 健康な皮膚にはバリアー能があるため, 皮膚を通しての取込みは, 脂溶性で皮膚からの吸収が大きい放射性化合物に限られる. 実際上で最も注意すべきは, 創傷部位からの取込みである.

外部被ばくの場合は, 透過力の高い放射線 (γ線, X線, 中性子線) に対して特に注意が必要であるが, 内部被ばくの場合は, 逆に透過力が低いα線やβ線を出す放射性物質に注意する必要がある. すなわち, 透過力の低いα線やβ線は, そのエネルギーをすべて体内に放出し, 線源からの到達距離は短くてもその周辺の細胞に確実に影響を与えるからである.

放射性物質の放射能は, それぞれの核種で物理的に決まっている半減期 (**物理的半減期**, $T_p$) で減少していく. 内部被ばくを考える場合は, 体内に取込まれた放射性物質の物理的半減期だけではなく, その物質が体内にどの程度の時間とどまっているかも重要な因子となる. 体内に取込まれた放射性物質が代謝や排泄で体外へ排出されることによる体内量の減少速度にも, 物理的半減期と同様な半減期 (**生物学的半減期**, $T_b$) が決められる. そこで, 取込まれた放射性物質による内部被ばくの評価には, 物理的半減期と生物学的半減期から次式を用いて計算される**有効 (実効) 半減期**, $T_e$ を用いる.

$$\frac{1}{T_e} = \frac{1}{T_p} + \frac{1}{T_b} \tag{5・1}$$

たとえば $^{131}I$ の場合, 物理的半減期は8日で, 生物学的半減期は甲状腺で約80日, その他の臓器で約12日である. したがって, 有効半減期は甲状腺で7.3日, その他の臓器で4.8日になる. また, $^{137}Cs$ の場合, 物理的半減期は30年であるが生物学的半減期は約100日であるので, 有効半減期も約100日となる. このように, 物理的半減期が長い核種による内部被ばくには, 生物学的半減期の影響が大きい.

### 5・4・4 内部被ばくの防護

上記のように, 内部被ばくの経路は三つあるので, それぞれの経路に対応した防護方法をとる必要がある.

吸入摂取に対しては，マスク着用によって放射性物質を肺に吸い込まないようにすることが重要である．また，非密封放射性同位元素取扱施設においては，清浄な空気で十分に換気を行うことにより，空気中の放射性物質の濃度を低く抑えることも必要である．さらに，放射性の気体や粉体，あるいはトリチウム水のように気体になりやすい物質を取扱う場合は，必ずフードの中で行うことが重要である．事故による大気の汚染が疑われる場合，一般公衆がとりうる手段として，花粉症対策と同様な対策が有効である．すなわち，室外にいる時間をなるべく短くし，室内に入る前にほこりを落とし，また，場合によってはシャワーを浴びるというような対策である．

経口摂取に対しては，職業人ではピペット操作を直接口で行わないことや，放射線管理区域内で飲食や喫煙をしないといった注意が必要である．また，手の汚染が経口摂取につながることがあるので，放射性物質の取扱い後は十分な手洗いを実行する必要がある．原子力発電所の事故の後に発生する放射能汚染された飲食物による一般公衆の内部被ばくについては，汚染された飲食物をなるべく摂取しないことが最も重要である．

しかしながら，第3，4章で述べたように，我々の周囲は放射線がゼロの環境ではなく，我々はその中で生きてきた．したがって，食品の放射線量（Bq/kg）にいたずらにパニックにならず，どの程度の放射線量であれば安全であるかを判断する必要がある．そのための情報は公的機関が発しており，必要な規制は行われているので，それらに注意して対応することが望まれる．一般に，子供は放射線に対する感受性が高いので大人以上に注意が必要である．

皮膚からの取込みに対しては，放射性物質が皮膚に直接接触しないように，防護衣や手袋を着用して作業をすることが大切である．

我々は，普通に生活していても自然界に極微量に存在する放射性物質を体内に取込んでいる（第3，4章参照）．最も寄与の大きなものは，放射性ラドンの吸入によるものであり，線量として世界平均では年間 1 mSv 以上になる．また，放射性カリウム（$^{40}$K）の摂取に由来する線量は，年間約 0.2 mSv になる．

## 5・5 被ばく線量とリスク

外部被ばくにしても内部被ばくにしても，被ばくによる障害発生のリスクを考えるうえでは，まず正しい被ばく線量を知る必要がある．放射線管理の立場からは，放射線の線質や被ばくする部位にかかわらず，統一的な単位で被ばく線量を議論できると便利である．このような目的で用いる線量として，実効線量（単位 Sv）がある．

放射線の被ばく量を物理的に測定すると，**吸収線量**，$D$（単位 Gy）が得られる．しかしながら，同じ吸収線量でも，放射線の種類によって人体に与える生物影響は異なる．そこで，線質の違いを補正した線量として，**等価線量**，$H$（単位 Sv）を次のように定義する．

$$H = w_R \times D \tag{5・2}$$

ここで，$w_R$は**放射線加重係数**で，放射線の種類によって決まっている（表4・4参照）．α線ではX線やγ線と比べて，1/20の吸収線量の被ばくでも，等価線量は等しくなる．

放射線による発癌のような確率的影響を評価する場合，同じ等価線量を被ばくしても，全身が被ばくした場合と局所が被ばくした場合で発癌のリスクは異なってくる．すなわち，個人で考えた場合，発癌確率は，全身被ばくの方が局所被ばくよりも大きくなる．さらに，被ばく組織・臓器の違いによって発癌リスクは異なってくる．そこで，このような組織・臓器ごとの発癌確率を考慮した個人の発癌リスク評価のための線量として，**実効線量**，$E$（単位 Sv）が次のように定義される．

$$E = \sum_T w_T H_T \tag{5・3}$$

ここで，$H_T$は組織・臓器 T における等価線量を示す．$w_T$は**組織加重係数**で，組織・臓器ごとに決まっている（表4・5参照）．$w_T$のすべての組織・臓器にわたる総和は1になる．実効線量の単位は Sv で，等価線量の単位と同じである．したがって，Sv という単位が記されているとき，それが等価線量と実効線量のどちらであるかに注意する必要がある．通常，等価線量か実効線量かを明記する．

内部被ばくを考えるための特別な線量として**預託線量**がある．体内に取込まれた放射性物質の放射能は，有効半減期によって減少していく．取込まれた放射性物質の代謝や排泄の速度は決まっていると考えると，放射性物質を取込んだ時点で，その後の被ばく線量（摂取後の線量率の時間積分値）は決まってしまうと考えられる．ある核種について，ある組織・臓器Tにおける等価線量率を$h(t)$とすると，ある組織・臓器Tがある期間$\tau$に被ばくする等価線量$H_T$は次式で表される．

$$H_T(\tau) = \int_0^\tau h(t)\,dt \qquad (5\cdot4)$$

$\tau$は，特に指定しない場合は50年であるが，小児では摂取時から70歳までの年数である．この積分した線量を，摂取時の1年間で一度に被ばくしたと考えるのが預託線量であり，その概念を図5・3に示す．預託線量には，**預**

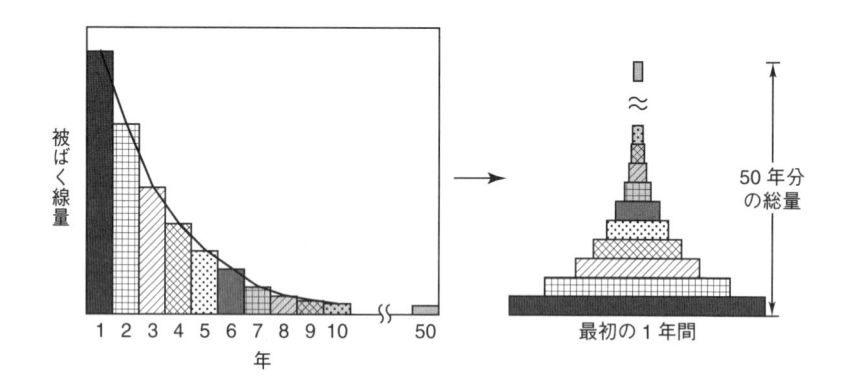

図5・3 預託線量の概念

**託等価線量**および**預託実効線量**があり，5・4式で示した等価線量$H_T$は預託等価線量である．この預託等価線量に，組織荷重係数$w_T$を乗じてすべての組織について総和を求めたものが，預託実効線量である．内部被ばくの確率的影響のリスク評価には，預託実効線量を用いる．預託実効線量は，単に実効線量とよぶことも多いので注意が必要である．

## 5・6 被ばく線量の測定
### 5・6・1 外部被ばく線量の測定

ヒトの組織・臓器での吸収線量を直接測定することはできない。そこで,測定可能な照射線量から吸収線量へ換算する方法がとられる。

個人の被ばく管理の観点から線量を測定する手段としては,フィルムバッジ,ポケット線量計,熱ルミネッセンス線量計(TLD),蛍光ガラス線量計がある.(それぞれの原理については第2章で解説している.)

**フィルムバッジ**: 個人外部被ばくのモニタリング法として最もよく使用されている方法である。原理は写真撮影と同じで,感光乳剤に放射線が当たると潜像ができ,現像により被ばく線量に対応する黒化度が得られる。ここで測定される線量は,ある期間の積分線量になる。フィルムケースに種々のフィルターを付けることにより,放射線の種類とエネルギーをある程度知ることができる。放射線の入ってくる方向により感度が異なる。また,放射線が当たってから現像までの時間が長いと潜像が減少することがあるので,注意が必要である。

**ポケット線量計**: 短期の個人被ばく線量を測定するために使用される。胸ポケットに装着して簡便に使用できるような形状をしている。原理は機種によりさまざまであり,電離箱式が古くから用いられていたが,最近はケイ素(Si)半導体を使用して線量がデジタル表示される半導体式が主流となっている。

**熱ルミネッセンス線量計(TLD)**: フッ化カルシウムやフッ化リチウムの結晶に放射線を照射した後に加熱すると,照射放射線量に比例した光を出すので,光度を測ることにより被ばく線量を知ることができる。小型,軽量で衝撃に強く,使用前に熱処理をして,それ以前の影響を除去することにより何度でも再利用できるといった長所がある。

**蛍光ガラス線量計**: ある種のガラスは,放射線を照射してから紫外線を当てると蛍光を放出する。この性質を利用した線量計が蛍光ガラス線量計(通称はガラスバッジ)である。小型,頑丈で,何度でも繰返し読み取ることができるので,測定の精度を上げることができる。

### 5・6・2 内部被ばく線量の測定

内部被ばくの評価のためには,摂取した放射性核種の量(単位 Bq)を測定あるいは計算によって求め,それに実効線量係数(表5・4)をかけることにより預託実効線量を求める.被験者の体内放射能のおもな測定法としては,体外計測法とバイオアッセイ法の二つがある.また,空気中あるいは飲食物中の放射性核種の濃度から体内放射能を推定することもある.

表5・4 実効線量係数の例[†]

| 核種 | 化学形 | 吸入摂取した場合 〔mSv/Bq〕 | 経口摂取した場合 〔mSv/Bq〕 |
|---|---|---|---|
| $^3$H | 水 | $1.8\times10^{-12}$ | $1.8\times10^{-12}$ |
| $^3$H | 有機物(メタンを除く) | $4.1\times10^{-8}$ | $4.2\times10^{-8}$ |
|  | メタン | $1.8\times10^{-10}$ |  |
| $^{14}$C | 有機物 |  | $5.8\times10^{-7}$ |
| $^{45}$Ca | すべての化合物 | $2.3\times10^{-6}$ | $7.6\times10^{-7}$ |
| $^{60}$Co | 酸化物,水酸化物および無機化合物 |  | $2.5\times10^{-6}$ |
| $^{131}$I | 蒸気 | $2.0\times10^{-5}$ |  |
|  | ヨウ化メチル | $1.5\times10^{-5}$ |  |
|  | ヨウ化メチル以外の化合物 | $1.1\times10^{-5}$ | $2.2\times10^{-5}$ |
| $^{137}$Cs | すべての化合物 | $6.7\times10^{-6}$ | $1.3\times10^{-5}$ |

[†] 平成12年科学技術庁告示第5号 別表第2より抜粋.

**体外計測法**: ホールボディーカウンター,甲状腺モニター,肺モニターを用いて,体内にある放射性核種から体外へ放射される放射線を直接測定する方法である.$^{131}$Iや$^{137}$Csのような透過力の高いγ線を放出する核種の測定には有効であるが,α線やβ線だけを放出する核種には適用できない.体内放射能測定の精度は高いが,被験者を拘束すること,ホールボディーカウンターでは装置の価格が高いこと,などの短所もある.

**バイオアッセイ法**: 尿や糞便といった排泄物や,呼気,唾液,血液,毛髪などの生体サンプル中の放射能を測定して体内放射能を推定する方法であ

る．手軽な測定器を用いて多くの被験者からの試料を比較的簡単に測定できる，すべての核種に適用できる，測定精度が高い，といった長所がある．一方，試料の前処理が結果に大きく影響する，代謝に個人差があるなど，体内放射能推定精度は体外計測法に比べて劣る．

非密封放射性同位元素取扱施設では，定期的に空気中の放射性核種の濃度を測定することにより，内部被ばくを計算で求めることが必要である．空気中の $^{135}Xe$, $^{222}Rn$ のような放射性希ガスや，$^{131}I_2$ のような気体状の放射性物質の捕捉には，空気サンプリング装置が用いられる．また，原子力関連事故における放射性ヨウ素のような気体状の放射性物質の吸入による内部被ばく線量の評価のために，空気中の放射性核種の量からの計算が行われる．この方法による内部被ばくの推定においても，呼吸量等の個人差による誤差が含まれる．

放射性核種に汚染された飲食物の摂取による内部被ばくの評価においても，摂取された放射性核種の量（単位 Bq）を知る必要がある．たとえば，$^{137}Cs$ で汚染されていて放射能が 500 Bq/kg の肉を 1 日 100 g 食べたと想定しよう．このときの経口摂取量は 50 Bq であり，表 5・4 に示した実効線量係数の $1.3\times10^{-5}$ mSv/Bq をかけると，実効線量（預託実効線量）は $6.5\times10^{-4}$ mSv になる．この肉を 1 年間毎日食べ続けたときの実効線量は $6.5\times10^{-4}\times365 = 0.24$ mSv になり，ICRP 勧告による平時における公衆被ばくの限度（1 mSv/年）よりも低い．

## 5・7 放射線防御剤

放射線の被ばくを防ぐには，前述のように，外部被ばくの場合は時間，距離，遮へいを考え，内部被ばくの場合はマスクや防護衣の着用などによって体内に取込まないようにすることが重要である．しかし，そのような注意にもかかわらず，あるいは注意をする余裕もなく被ばくしてしまうことがありうる．このような状況で，被ばくによる障害を防ぐ，あるいは低減化するための方策の一つとして，薬剤を用いることが考えられる．このような薬剤を一般に**放射線防御剤**とよぶ．放射線防御剤の活性を評価するためによく使用

する指標として，次の式で定義される **DRF**（**線量減少率**；dose-reduction factor）がある．

$$\mathrm{DRF} = \frac{薬剤存在下にある放射線障害をひき起こす放射線量}{薬剤非存在下にある放射線障害をひき起こす放射線量} \quad (5・5)$$

動物を用いた実験では，放射線被ばく後 30 日での生存率を放射線障害として選択し，骨髄死の致死線量の増加を調べることが多い．

### 5・7・1　放射線防御剤の作用機構

第 4 章で説明したように，放射線が生体に作用すると，初期に起こる活性酸素・フリーラジカルの生成に由来する生体構成成分の酸化的修飾から，それが時間をかけて細胞，組織，個体へと影響して，最終的な個体の障害が現れる（図 4・1 参照）．このように，放射線の生体作用は多くのステップから成っているので，それぞれのステップを阻害することができれば障害を防御することが可能になる．

**a. 活性酸素・フリーラジカル消去**　　放射線が水に作用することにより，水から短寿命のフリーラジカルが発生し，それが DNA，タンパク質，脂質などの成分を酸化的に修飾する．したがって，発生したフリーラジカルを生体成分と反応する前に消去することができれば，それ以降の連鎖的な反応を防御できる．このためには，フリーラジカル消去活性を有する**抗酸化剤**が有効である．細胞レベルの実験では，多くの抗酸化剤が放射線防御効果を示すことが報告されている．しかしながら，発生するフリーラジカルは短寿命であり反応性が高いことから，それを消去する抗酸化剤は，放射線被ばく時に生体構成成分と比べて高濃度に存在している必要がある．したがって，活性酸素・フリーラジカル消去を作用機構とする放射線防御剤の場合，個体への使用を考えると，被ばく前にあらかじめ高用量を投与しておく必要がある．このため，予測不可能な事故時での使用はできない．また，高用量を必要とすることから，副作用の発現に注意する必要がある．

**b. 水素原子供与**　　活性酸素・フリーラジカルによって DNA 分子から水素原子が引き抜かれて DNA ラジカルが生じたとき，酸素存在下では

DNAラジカルと酸素が反応してDNAの損傷が固定されてしまう．しかし，ここに水素原子供与体が存在すると，DNAラジカルに水素原子を与えて元のDNAに修復できる．このような水素原子供与体は放射線防御剤になる可能性がある．

**c. DNA修復の促進** 我々のDNAは，体内で産生する活性酸素などのさまざまな要因で日常的に損傷を受けているが，細胞内に備わる修復機構によって常に修復され，発癌を防御している．放射線によって生じるDNAの損傷も修復酵素によって修復されるので，この過程を活性化するような化合物は放射線防御剤になる可能性がある．

**d. 細胞死の阻害** 細胞死は組織の欠損によって機能障害をもたらす．放射線は，細胞にネクローシスやアポトーシスをひき起こすことにより組織を傷害する．したがって，細胞死の制御は組織機能の維持と強く関係する．ネクローシスやアポトーシスを阻害する化合物は放射線防御剤になる可能性がある．

**e. 組織酸素濃度の制御** 放射線の効果は酸素の有無で大きく変わる（**酸素効果**）．低酸素条件では通常の酸素濃度の条件と比べて放射線による細胞死が起こりにくく，これはある種の癌が**放射線抵抗性**を示す理由の一つであると考えられている．そこで，逆に，正常組織の酸素濃度を低くする化合物は，正常組織の放射線障害を防ぐ放射線防御剤になる可能性がある．

**f. 細胞増殖促進** 組織の機能発現に必要な多くの細胞が放射線によるネクローシスやアポトーシスによって失われても，生き残った幹細胞からの再生速度が十分に速ければ障害発生を防御することができるので，細胞増殖を促進する化合物は放射線防御剤になる可能性がある．G-CSFなどの造血細胞増殖因子が一例である．OK-432, 乳酸菌製剤などは，生体内における造血細胞増殖因子の産生を高めることにより防御効果を示すと考えられている．

**g. 生体防御機構の活性化** 生体にもともと備わっている防御機構を活性化することにより，結果的に防御効果を期待するものである．IL-1, リポ多糖の例がある．

### 5・7・2 放射線防御剤の分類

被ばくの状況を考えると,放射線防御剤は,その使用タイミングによって次の三つに分類できる(図5・4).すなわち,(a) 放射線被ばくの前にあらかじめ投与しておく薬剤,(b) 被ばく後の早い時期に投与して障害を低減化する薬剤,(c) 被ばく後に障害が出てきてから使用して治療する薬剤,である.(a) の薬剤を狭い意味での**放射線防護剤**,(b) の薬剤を**放射線緩和剤**,(c) の薬剤を**治療剤**とよぶ.(狭い意味での放射線防護剤と区別する意味で,一般的に放射線を防御する薬剤をここでは放射線防御剤とよんでいる.)

| 被ばく前にあらかじめ投与しておく | 被ばく後早い時期に投与して障害を低減化する | 障害が生じてから投与して障害を治療する |
|---|---|---|
| 放射線防護剤 | 放射線緩和剤 | 治療剤 |

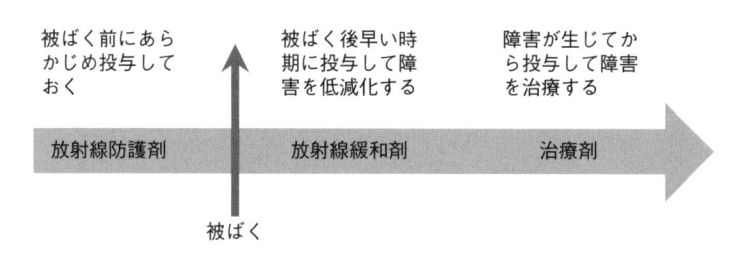

↑ 被ばく

**図5・4 投与時期による放射線防御剤の分類**

### 5・7・3 放射線防御剤の例

**a. 放射線防護剤** 薬剤による化学的防御の研究は長い歴史をもつ.半世紀以上前に,チオールを有するシステインやシステアミンが高い放射線防護作用を示すことが発見されたが,副作用が強いことからそのままでは実用にはならなかった.そこで,米国では,チオール含有アミン誘導体を基本とする4000以上の化合物のスクリーニング研究が大規模に行われ,アミフォスチン(開発コード名 WR-2721)が有望な化合物として見いだされた.その後,アミフォスチンは,放射線治療によってひき起こされる口腔乾燥の予防のための放射線防護剤として米国で認可された.アミフォスチンは,米国で一般の治療用医薬品として認可されている唯一の放射線防護剤である.アミフォスチンはプロドラッグであり,生体中では加水分解されてリン酸が外れた構造になり,これが活性体である.

## 5・7 放射線防御剤

$$H_2N(CH_2)_3NH(CH_2)_2S-\underset{\underset{OH}{|}}{\overset{\overset{O}{\|}}{P}}-OH \xrightarrow{H_2O} H_2N(CH_2)_3NH(CH_2)_2SH + H_3PO_4$$

　　　　アミフォスチン　　　　　　　　　　　アミフォスチンの活性体

アミフォスチンは依然として副作用が強く，使用できる範囲が限られている．そこで，より副作用の少ない防護剤を求めて，チオール含有アミン以外の構造を有する低分子化合物や，生体成分あるいは天然物由来の化合物が研究されてきているが，実用には至っていない．NIH（米国国立衛生研究所；National Institutes of Health）のグループは，安定ニトロキシド基を有するTEMPOLが放射線防護作用を示すことを報告し，放射線脱毛低減化効果について臨床試験を実施している．

TEMPOL

放射線による障害を防御するためには，放射線によって初期に生成する活性酸素・フリーラジカルを消去してしまえばよい．このような考えのもとに，活性酸素・フリーラジカルの消去を作用機序とする多くの抗酸化剤の放射線防護効果が調べられてきた．一般的に，多くの抗酸化剤は放射線防護剤としても機能するが，実用的な防護効果を得るためには高濃度の薬物を必要とする．それは，放射線で発生する活性酸素・フリーラジカルがDNAのような重要な生体分子と反応する前に競争的に反応するためには，放射線防護剤が細胞内に生体分子の濃度に比べて高濃度で存在している必要があるからである．

また，アポトーシスやネクローシスといった細胞死を防ぐという別な観点からの放射線防護剤もある．アポトーシスの阻害による新しい放射線防御剤として，サルモネラの鞭毛タンパク質の構造を最適化したCBLB502やEx-

Rad（4-カルボキシスチリル-4-クロロベンジルスルホン）などが研究されている．

Ex-Rad

**b. 放射線緩和剤**　原子力発電所の事故のような予期せぬ被ばくが起こる場合，被ばく前に投与しておく放射線防護剤は使えない．そこで，被ばく後早い時期に使用することにより放射線障害を防いだり低減化したりする薬剤が求められる．このような薬剤開発はあまり進んでいなかったが，近年有望な化合物が報告されるようになってきた．

　放射線緩和剤を考える場合，適用できる放射線量に制限があることに注意が必要である．すなわち，細胞死を起こしてしまった細胞については生き返らせることができないので，ごくわずかであっても細胞死を免れる細胞集団が存在する所までの線量に対してのみ適用できることになる．放射線による一般的な細胞死は増殖死で定義される．つまり，被ばくした細胞それ自身は生きていても増殖能がなくなった場合に細胞死と定義される．別な観点から放射線緩和剤を考える場合は，一つの細胞レベルではなく，細胞集団すなわち組織や個体のレベルで考える必要があるといえる．たとえば，放射線により骨髄幹細胞の細胞死が起こるが，一部でも生き残った幹細胞があれば，それを刺激して素早く増殖させることにより，骨髄幹細胞の細胞死は防御できなくても個体死は防御できる可能性がある．

**c. 治療剤**　治療剤に関しては，放射線特有のものはないと考えられる．ある身体症状が出た場合の治療剤は一般的な医学的治療の議論になるので，ここでは特に説明をしない．

# 6

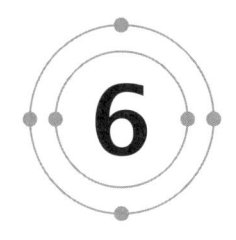

# 放射性物質の体内除去

　薬を飲むと，薬の成分は体内に吸収される．その一部は血液を通って体中の臓器に達して薬効を示すが，一部は肝臓などで化学変化し薬効を示さない化合物に変換される．また，最終的には排泄によって体外に排出される．すなわち，薬効は，薬の吸収・分布・代謝・排泄といった体内動態によって大きく変わる．同様に，放射性物質は，体内に取込まれると内部被ばくにより放射線障害をひき起こす可能性があるが，その影響は，取込まれた放射性物質の化学的性質に依存した体内動態で大きく変わってくる（第5章参照）．

　放射性物質の内部被ばくに対する体内動態の影響を考える際，薬と同様には考えられない点が一つある．それは，薬は薬効を示す化学形（構造）がきちんと決まっており，代謝によって化学形が変化すると薬効がなくなるのに対して，放射性物質の場合は化学形が変化しても放射能はそのまま残るので，放射線障害がなくなってしまうわけではないという点である．ただし，放射性物質においても，代謝による化学形の変化により，移行，滞留，蓄積，排泄が影響されて有効半減期が変わり，その結果として放射線障害が大きく変化するということはしばしば起こる．

## 6・1　一般的な体内除去法

　放射性物質の体内動態をきちんと理解することは，内部被ばくを見積もるうえできわめて重要である．その理解のうえに立って，放射性物質を体内か

ら素早く除去するための手段(特に薬物による除去促進)を講じることは,放射性物質を体内に取込んでしまったときにとるべき基本的な対策である.

### 6・1・1 消化管での吸収低減化

一般に,摂取した放射性核種が胃の中に存在している可能性がある場合,胃洗浄を行う.また,消化管で吸収されにくい核種の場合は,下剤によって排泄を促すことも有効である.

プルシアンブルー(別名ベルリンブルー,図6・1)は青色の顔料として塗料,インク,絵の具など身近なところで使われている物質である.フェロシアン化第二鉄に属し,毒性が低く,経口で使用できる.1価の陽イオンに結合して消化管に吸収されないコロイドとして糞便に排泄されることにより,放射性核種の消化管からの吸収を低減化する.図6・1に示すような内

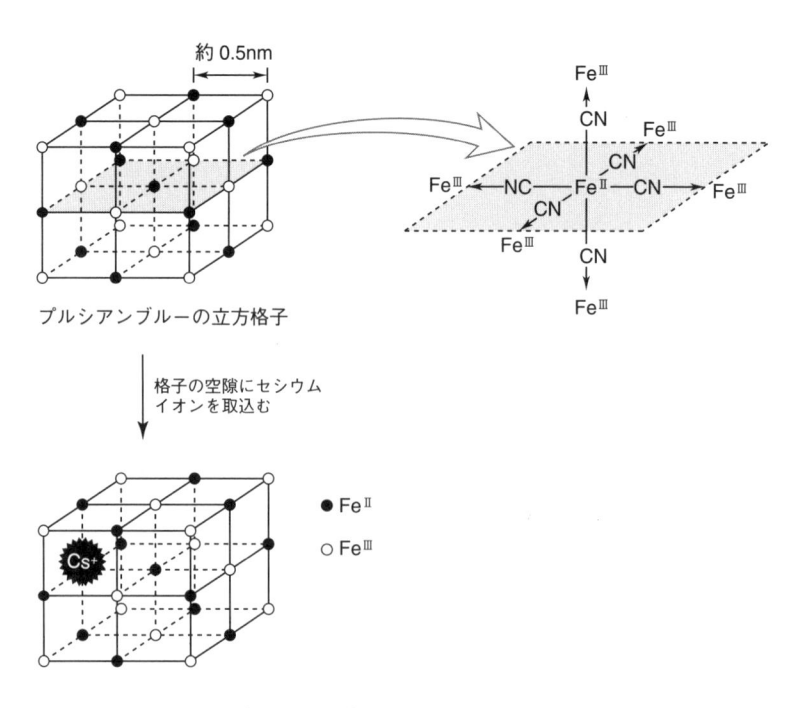

図6・1 プルシアンブルーによる放射性セシウムの吸着

部に空隙がある構造をとることにより，空隙に放射性セシウムを取込むと考えられている．放射性セシウムの吸着力が高いことから，その体外排出を促進する薬剤として認可されている．

アルミニウム含有制酸剤や硫酸バリウムは放射性ストロンチウムの腸での吸収を減少させる効果がある．

### 6・1・2 利尿剤

水に溶けて尿中に排泄される放射性ナトリウム，放射性カリウム，放射性バリウム，放射性カルシウム，トリチウムのような核種では，利尿剤を用いることにより排泄量を増加することができる．

### 6・1・3 気管支肺胞洗浄

酸化プルトニウムなどの不溶性の放射性同位元素を吸入した場合の治療法の一つであるが，手技において危険性を伴うので注意を要する．

### 6・1・4 阻害と希釈

安定核種を用いて特定臓器における代謝回転を飽和させることで放射性核種の取込みを阻害することができる．安定ヨウ素剤による放射性ヨウ素の甲状腺への蓄積阻害がこの一例である（後述）．トリチウムの内部被ばくにおいては，水分を大量に経口投与あるいは静脈投与することにより，排泄効果を高めることができる．また，安定核種の投与により，放射性核種と置換することで排泄を促進することができる．

### 6・1・5 キレート剤

エチレンジアミン四酢酸（EDTA；ethylenediaminetetraacetic acid）のような化合物は複数の配位座をもつ配位子であり，$Ca^{2+}$や$Cu^{2+}$といった金属イオンと配位結合して錯体を形成する（図6・2）．このような化合物を，ギリシャ語のカニのハサミ（*chele*）にちなんでキレート剤とよぶ．キレート剤は金属中毒の治療に用いられる薬剤で，放射性金属元素とも安定な水溶性錯体を形成して放射性金属の排泄を促進する．EDTAは鉛中毒の治療に使わ

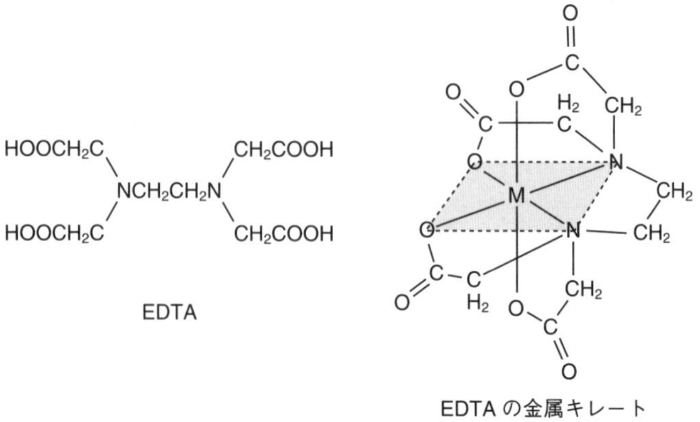

EDTA

EDTAの金属キレート

図6・2 キレート剤の作用

れている一般的なキレート剤であるが，多くの放射性金属のキレート剤としても使用できる．

錯体の安定度からは，ジエチレントリアミン五酢酸（DTPA; diethylene triaminepentaacetic acid，図6・3a）がEDTAより効果的であり，DTPAが体内除染用に用意されている場合はEDTAよりもDTPAが使われる．DTPAはウランより原子番号の大きい超ウラン元素（プルトニウム，アメリシウム，キュリウム）による体内汚染の軽減を効能として，Ca-DTPAおよびZn-DTPAが2011年7月に日本でも認可された．超ウラン元素以外の放射性核種による体内汚染に対する有効性および安全性は確認されていない．用法としては，Ca-DTPAおよびZn-DTPAのいずれの場合も，100〜250 mLの5％ブドウ糖注射液または生理食塩水で希釈して，約15〜60分かけて点滴静注する．重大な副作用は報告されていないが，Ca-DTPAの場合は長期投与により亜鉛（Zn）欠乏が生じるので，治療中は患者の血中亜鉛濃度を定期的にモニタリングして，必要に応じて亜鉛を補充することが必要である．長期投与には，副作用の小さいZn-DTPAが適している．

ジメルカプロール（2,3-ジメルカプト-1-プロパノール，図6・3b）は，放射性ヒ素，水銀，ポロニウム等のキレート剤として使用できるが，脂溶性が高く細胞内にたやすく入っていくため副作用が強く，注意を要する．

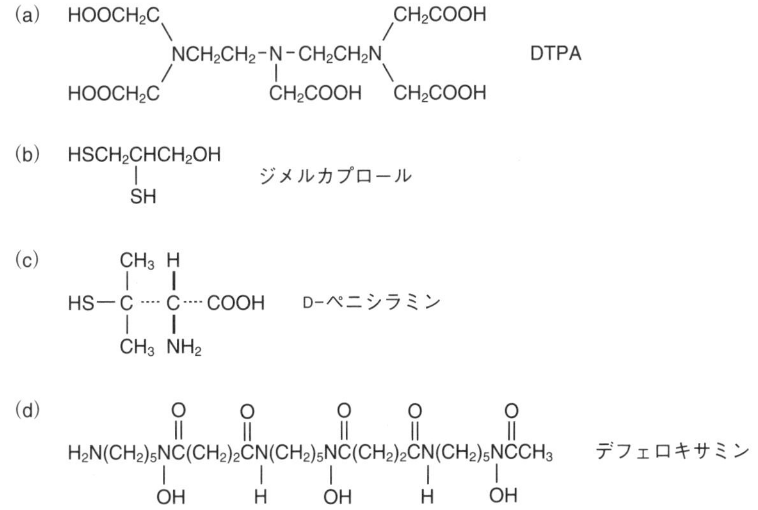

(a) 
$$\text{HOOCH}_2\text{C}\diagdown\text{NCH}_2\text{CH}_2-\text{N}-\text{CH}_2\text{CH}_2\text{N}\diagup\text{CH}_2\text{COOH}$$
HOOCH₂C の形で、中央N に CH₂COOH、右側N に CH₂COOH　DTPA

(b) HSCH₂CHCH₂OH
          |
         SH        ジメルカプロール

(c)      CH₃  H
          |    |
  HS—C⋯⋯C⋯⋯COOH    D-ペニシラミン
          |    |
         CH₃  NH₂

(d) H₂N(CH₂)₅NC(CH₂)₂CN(CH₂)₅NC(CH₂)₂CN(CH₂)₅NCCH₃   デフェロキサミン
(各C=O、N上に OH または H)

図6・3 代表的なキレート剤

D-ペニシラミン（図6・3c）はペニシリンの加水分解によって得られる化合物であり，銅，水銀，亜鉛，鉛などと可溶性錯体を形成する．放射性鉛，水銀，コバルトの内部被ばくにおいて使用される．

デフェロキサミン（DFOA; deferoxamine, 図6・3d）は鉄過剰症や鉄中毒で使用されるキレート剤であり，放射性鉄の摂取後に経口で使用して，小腸内で非吸収性の鉄錯体を形成することにより放射性鉄の吸収を阻害する．

## 6・2 代表的な放射性核種の体内除去法

ここでは，いくつかの代表的な放射性核種について，とりうる体内除去法の例を詳しく述べる．

### 6・2・1 放射性ヨウ素

**a. 放射性ヨウ素による内部被ばく**　原子炉事故では，放射性物質として，気体状のクリプトン，キセノンといった希ガスとともに，揮発性の放射性ヨウ素が放出される．希ガスはおもに外部被ばくによって人体に影響を与

える．一方，放射性ヨウ素は内部被ばくによって人体に影響を与えると考えられるので，放射性ヨウ素の体内からの除去法は重要である．原子炉事故で放出されるおもな放射性ヨウ素を表6・1に示してある．これらの放射性ヨウ素は，$I_2$ のような無機ヨウ素あるいは $CH_3I$ のような有機ヨウ素の形で，ガス状あるいはエアロゾルとして放出されるので，原子力施設の従業員や施設周辺の住民の内部被ばくの経路は，主として吸入によるものになる．一方，原子力施設から離れた場所に居住する一般公衆にとっては，その生成率と半減期から $^{131}I$ の影響が最も大きく，吸入よりも汚染された牛乳などの食品からの取込みが問題になってくる．ヨウ素は甲状腺がつくるホルモンの構成元素であり，人体にとって不可欠な元素である．このため，放射性ヨウ素も体内に取込まれると甲状腺に集積する．そこで，いかに甲状腺への集積を防ぎ体外へ速やかに排泄するかが重要になってくる．

表6・1 原子炉事故で放出されるおもな放射性ヨウ素

| 核　種 | 半減期 | $^{235}U$ 核分裂による生成率（％） |
|---|---|---|
| $^{129}I$ | 1600万年 | 0.66 |
| $^{131}I$ | 8日 | 2.83 |
| $^{132}I$ | 2.3時間 | |
| $^{133}I$ | 21時間 | |
| $^{134}I$ | 52分 | |
| $^{135}I$ | 6.6時間 | 6.33 |

**b. 放射性ヨウ素の体内動態**　　呼吸や飲食により体内に取込まれた放射性ヨウ素は，肺および消化管から吸収され，体循環に移行する（図6・4）．取込まれた放射性ヨウ素は $I^-$ のイオン形となり，血液中のヨウ素プールに入る．その10～30％は24時間以内に甲状腺に集積するが，残りの大部分は腎臓から尿中に排泄される．甲状腺に集積した放射性ヨウ素の生物学的半減期は成人では約80日である．

**c. 安定ヨウ素剤の効果**　　体内に取込まれた放射性ヨウ素は，血液中では $I^-$ の形で存在する．この化学形の放射性ヨウ素が血液から甲状腺に移送される段階で食い止めることが最も有効な除去法になる．このために，原子

## 6・2 代表的な放射性核種の体内除去法

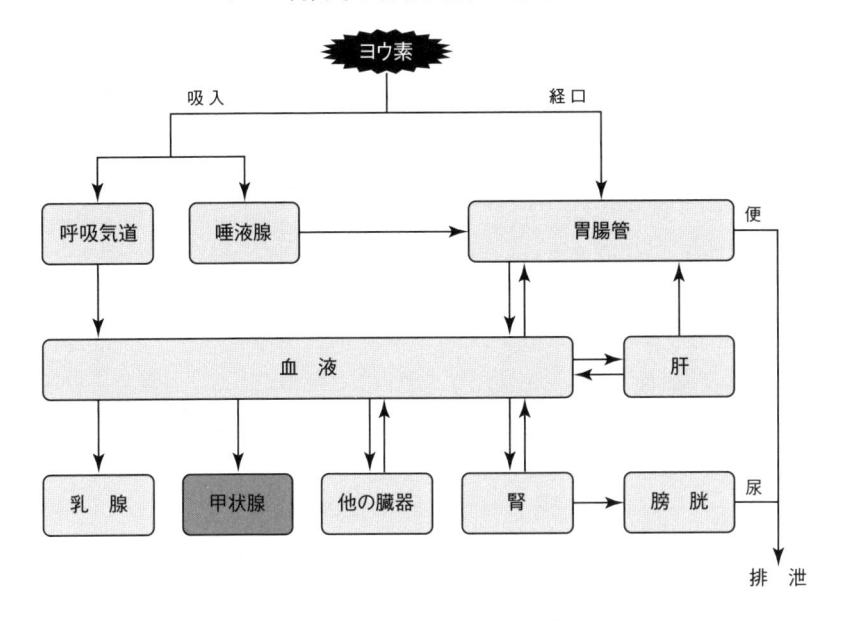

図6・4 ヨウ素の体内動態

炉事故などでは非放射性ヨウ素（$^{127}$I）のヨウ化カリウム（KI）などのヨウ素剤（安定ヨウ素剤）を多量に投与する．投与された非放射性のヨウ素は，微量の放射性ヨウ素と競争する形で甲状腺に取込まれるので，非放射性ヨウ素が投与されない場合に比べて，甲状腺に集積される放射性ヨウ素の絶対量が大きく減少することになる．

健康な成人が安定ヨウ素剤を服用すると，1〜2時間で尿中排泄濃度は最大になり，その後，排泄濃度はゆっくりと減少して，72時間後には服用した安定ヨウ素剤のほとんどが体内から排出される．

これまでの研究によると，放射性ヨウ素の吸入と同時に100〜200 mgの安定ヨウ素剤を投与すると，甲状腺への$^{131}$Iの集積量を98％以上抑制できる．集積抑制の程度は，$^{131}$Iの摂取に対する安定ヨウ素剤の投与タイミングによって大きく変化する．被ばく直前の安定ヨウ素剤の投与が最も有効であるが，被ばく24時間前までの投与，あるいは直後の投与でも，甲状腺への放射性ヨウ素の集積を90％以上抑制できる．また，被ばく後8時間以内の

投与であれば約40％の抑制効果が期待できるが，24時間を経過すると抑制効果は約7％まで落ちてしまう．

日本における安定ヨウ素剤の服用量を表6・2に示してある．原子力関連事故に備えて配備されている安定ヨウ素剤丸薬は，ヨウ素量として1錠38 mgなので，7歳以上13歳未満（実際的には小学生）には1錠，中学生以上には2錠となる．7歳未満の小児については，丸薬は非常に硬いので，ヨウ化カリウム原末を用いて調製した内服液を与える．具体的には，16.3 mg/mLヨウ化カリウム（12.5 mg/mLヨウ素含有），50％単シロップ水溶液を調製して，規定量（新生児1 mL，1カ月以上3歳未満2 mL，3歳以上13歳未満3 mL）を服用させる．

表6・2 安定ヨウ素剤の年齢別投与量

| 対象者（年齢） | ヨウ素量〔mg〕 | ヨウ化カリウム量〔mg〕 |
| --- | --- | --- |
| 新生児 | 12.5 | 16.3 |
| 1カ月以上3歳未満 | 25 | 32.5 |
| 3歳以上13歳未満 | 38 | 50 |
| 13歳以上40歳未満 | 76 | 100 |

### 6・2・2 放射性セシウム

**a. 放射性セシウムの体内動態**　セシウムはナトリウムやカリウムと同じ周期表の第1族元素のため，化学的性質がナトリウムやカリウムと類似している．そのため，体内挙動もナトリウムやカリウムと類似する．ナトリウムやカリウムは，溶液中では1価の陽イオンとして存在し，経口摂取すると，消化管から100％吸収されて血液に入り，全身に分布する．放射性セシウムも同様に，経口摂取後，消化管から吸収されて全身に分布する（図6・5）．セシウムが選択的に集積する組織はないが，筋肉にやや多く蓄積する傾向がある．ナトリウムとカリウムは，細胞内外の分布が大きく異なり，たとえば血液においては，赤血球中にはカリウムが多くてナトリウムは少ないのに対し，血漿中は逆にナトリウムが多くてカリウムは少ない．セシウムはナトリウムとカリウムの中間的な分布を示し，血中に取込まれた放射性セ

シウムの 75％ が赤血球に含まれる.

放射性セシウムはおもに尿に排泄されるが,糞便や汗にも一部が排泄される.生物学的半減期は条件により異なる.成人の場合 50〜150 日であり,ICRP では 110 日としている.年齢による違いとして,1 歳までは 9 日,9 歳までは 38 日,30 歳までは 70 日,50 歳までは 90 日とされている.

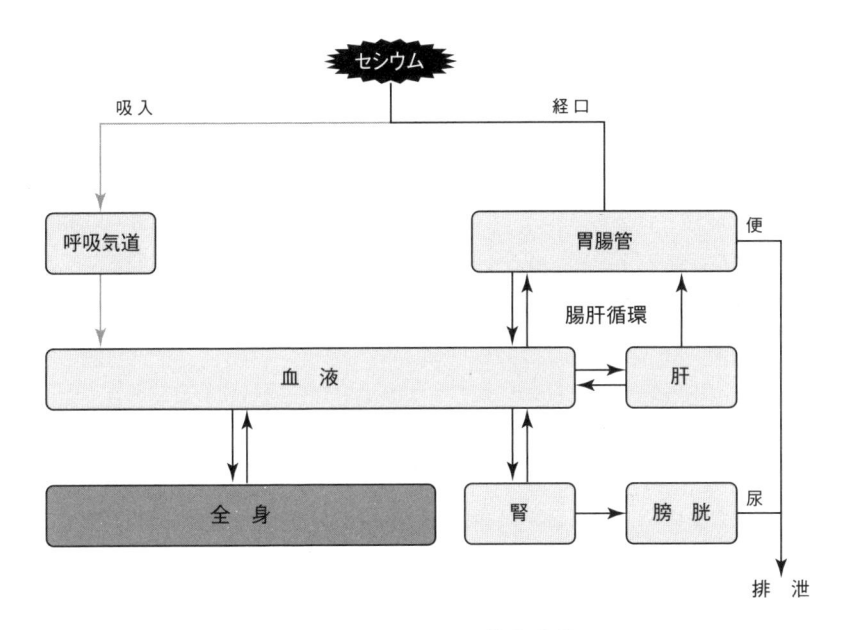

図 6・5 セシウムの体内動態

**b. 希釈による除去** 体内に取込まれた放射性セシウムを希釈によって対外に除去するために,ラットを用いて非放射性(安定)セシウム,ナトリウム,およびカリウムの投与効果を調べた研究結果からは,カリウムが最も効果が高かった.この場合,放射性セシウムが十分に全身分布した後にカリウムを与えた場合は効果が小さかった.また,安定セシウムの効果はなかった.カリウムやナトリウムを高濃度に与えると,水の摂取量が多くなり,その結果,尿量が多くなって効果が出た可能性がある.一方,この動物実験において観察されたカリウムによる排泄促進効果は,ヒトでは観察されていな

い．

**c. 吸着による除去**　摂取された放射性セシウムが血中に移行して体内に広く分布してしまうと，除去は難しくなる．そのため，血中移行・分布の前に放射性セシウムを吸着して体外に排出することが有効である．最も一般的な吸着剤は，脱臭や水の沪過に使われている活性炭である．活性炭は，放射性セシウムに限らず多くの放射性核種を吸着するので，体内への吸収を防ぐ効果が期待できる．

放射性セシウムは，溶液中では1価の陽イオンとして存在するので，イオン交換体による吸着も検討された．一般に，イオン交換体による吸着には胃や腸の pH や共存物質による影響が強い．数多く検討された中で，合成無機イオン交換体であるフェロシアン化鉄のプルシアンブルー（図 6・1 参照）が最も効果が高かった．

消化管から吸収された放射性セシウムは，**腸肝循環**という代謝経路で腸管内に再分泌され，その後再吸収される（図 6・5）．プルシアンブルーは，再分泌された放射性セシウムを吸着することにより再吸収される放射性セシウム量を減らし，糞便中への排泄を促進する．

プルシアンブルーは医薬品として認可されているが，服用には制限があるので注意を要する．プルシアンブルーは，バイオアッセイとホールボディーカウンターで放射性セシウムの体内摂取を確認後，医師の処方に基づいて投与しなければならない．予防的な投与は認められておらず，治療に当たっては，放射線医学総合研究所への連絡とデータ報告が義務づけられている（全例調査実施が 2010 年 10 月の承認条件）．標準的な投与方法は，成人で 1 回 2 カプセル（1 g）を 1 日 3 回，3 週間経口投与するが，患者の状態，年齢，体重，国内備蓄量に応じて増減する．

### 6・2・3　放射性ストロンチウム

**a. 放射性ストロンチウムの体内動態**　ストロンチウムはカルシウムと同じ第 2 族元素であり，生理的にカルシウムとよく似た挙動を示す．放射性ストロンチウムのうち，核分裂反応で生成する $^{90}$Sr は，半減期が 28.8 年と長く，546 keV の β 線を出し，骨に沈着して長期にわたって内部被ばくをひ

き起こすので危険な核種である．ストロンチウムの吸収は速く，動物実験では，皮下投与されたストロンチウムの 70〜80％ が 6 時間後に骨に沈着していた．骨に沈着した放射性ストロンチウムは，なかなか排泄されない（図 6・6）．食物中のストロンチウムの 15〜45％ が消化管から吸収されるが，絶食や低カルシウム食あるいは低リン食により吸収率は増大する．成長過程にある乳幼児では，より多くのストロンチウムを骨に取込む危険性がある．

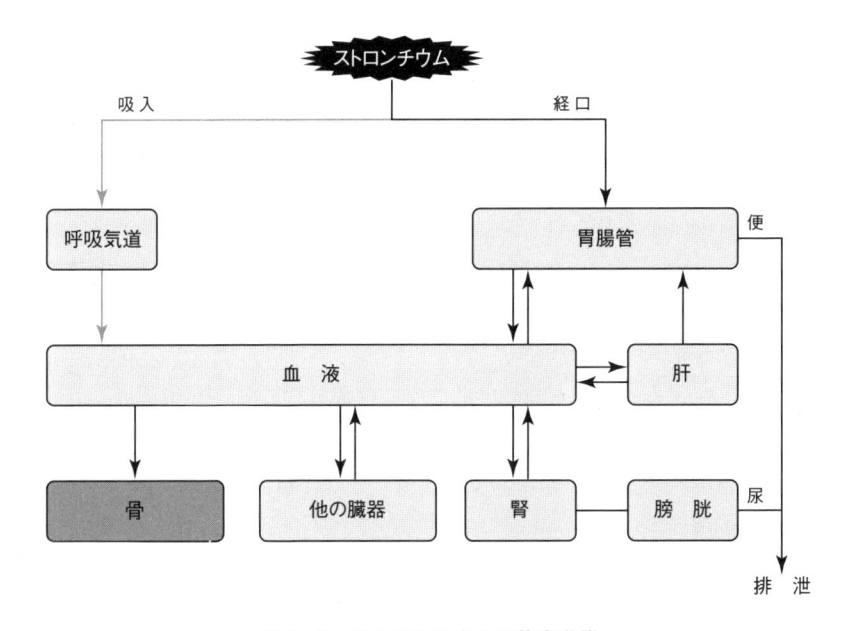

図 6・6　ストロンチウムの体内動態

**b. 吸着による除去**　放射性ストロンチウムの経口摂取後，リン酸アルミニウムゲルあるいは水酸化アルミニウムゲルを直ちに投与すると，腸管吸収を 50％ 以上減少させることができる．重大な副作用は特にない．アルギン酸ナトリウムも，放射性ストロンチウムと結合して不溶性の塩を形成し，放射性ストロンチウムの人体からの排出が顕著に促進されるといわれている．

**c. 希釈および代謝の撹乱による除去**　安定ストロンチウムは放射性ス

トロンチウムの効果的な希釈剤である．放射性ストロンチウムによる体内汚染が生じた場合の選択可能な薬剤として，乳酸ストロンチウム，グルコン酸ストロンチウムが提唱されている．創傷からの体内汚染に対しては，十分な水洗いが必要である．ロジゾン酸カリウムを塗布することにより，ストロンチウムを不溶性にして吸収を阻害できる．ステロイド剤（プレドニンなど）の投与により，放射性ストロンチウムの尿中排泄を3倍に増加できる．

### 6・2・4 プルトニウム

**a. プルトニウムの体内動態** プルトニウムは超ウラン元素の一つであり，同位体すべてが放射性である．α線を放出する多くの同位体が存在するが，核兵器あるいは核燃料物質として使用される同位体である $^{239}$Pu の半減期は，約 24,000 年ときわめて長い．プルトニウムは+3～+6価の原子価をとり（+4価が最も安定），酸素と容易に反応して酸化物になる．金属プルトニウムは不安定で，自然発火することがある．環境中では，大部分が水にほとんど溶けない酸化プルトニウム（+4価）の形で存在している．

プルトニウムはα線を放出するので，外部被ばくよりも内部被ばくに注意する必要がある．体内に取込まれたプルトニウムは，肺，肝臓などのさまざまな臓器に沈着して障害を発生させるが，最終的には骨親和性を示す．いったん沈着したプルトニウムの排泄は容易ではなく，長期にわたってα線を出し続けるので，癌などの障害を誘発する可能性がある．

体内へのプルトニウムの取込みには，吸入，経口，および皮膚の創傷からの三つの経路すべてが考えられるが，消化管からの吸収率は 0.1～0.001％と非常に小さく，ほとんどが排泄されるため，経口摂取の場合の影響は小さい．皮膚からの吸収はほとんどなく，創傷からの取込みのみを考えればよいが，その程度は傷の種類や部位によって異なる．したがって，最も有害な経路は吸入からのものである．吸入したプルトニウム微粒子のかなりの部分は気道粘液によって食道へ送り出されるが，残りは肺に沈着する．肺に沈着したプルトニウムは，その後，リンパ節や血管を経由して体内に分布し，おもに骨や肝臓に沈着する．生物学的半減期は，肝臓で約 40 年，骨で約 100 年である．

**b. キレート剤による除去** さまざまなキレート剤によるプルトニウム除去の研究から，現時点ではDTPAが最も有効なキレート剤であり，Ca-DTPAという化学形の薬剤を用いる．1日当たりの推奨投与量は1gであり，この量では副作用の可能性は低い．投与法は§6・1で述べた通りである．

# 参 考 文 献

## 1 章
- "放射線のはなし（改訂第 1 版）", 日本原子力文化振興財団（1998）.
- "酸化ストレスの医学", 吉川敏一監修, 内藤裕二, 豊國伸哉編集, 診断と治療社（2008）.

## 2, 3 章
- 西臺武弘, "放射線治療物理学（第 2 版）", 文光堂（2004）.
- "薬学生の放射化学（第 4 版）", 馬場茂雄編, 廣川書店（2002）.
- 前田米臧, 大崎 進, "放射化学・放射線化学（第 4 版）", 南山堂（2002）.
- 三枝健二, 入船寅二, 福士政広, 齋藤秀敏, 中谷儀一郎, "放射線基礎計測学", 医療科学社（2001）.
- "新放射化学・放射性医薬品学", 佐治英郎, 前田 稔, 小島周二編, 南江堂（2003）.

## 4 章
- "人体内放射能の除去技術 —— 挙動と除染のメカニズム", 放射線医学総合研究所監修, 青木芳朗, 渡利一夫編, 講談社サイエンティフィク（1996）.
- "放射線のはなし（改訂第 1 版）", 日本原子力文化振興財団（1998）.
- "放射線および環境化学物質による発がん —— 本当に微量でも危険なのか？", 佐渡敏彦, 福島昭治, 甲斐倫明編著, 医療科学社（2005）.
- "酸化ストレスの医学", 吉川敏一監修, 内藤裕二, 豊國伸哉編集, 診断と治療社（2008）.
- 草間朋子, "あなたと患者のための放射線防護 Q&A（改訂新版）", 医療科学社（2005）.

# 参 考 文 献

## 5 章

- "放射線基礎医学（第11版）"，菅原 努監修，青山 喬，丹羽大貫編集，金芳堂（2009）．
- Eric J. Hall, Amato J. Giaccia, "Radiobiology for the Radiologist,（Sixth Edition）", Lippincott Wiliams & Wilkins（2006）．
- 片岡 泰，'放射線防護剤の生物作用'，放射線科学，Vol.49, No.7〜9（2006）．

## 6 章

- "人体内放射能の除去技術 ── 挙動と除染のメカニズム"，放射線医学総合研究所監修，青木芳朗，渡利一夫編，講談社サイエンティフィク（1996）．
- 緊急被ばく医療研修のホームページ，原子力安全研究協会 http://www.remnet.jp/
- 原子力災害時における安定ヨウ素剤予防服用の考え方について，原子力安全委員会，http://www.nsc.go.jp/bousai/page3/houkoku02.pdf
- プルシアンブルー使用に関する注意喚起，放射線医学総合研究所，http://www.nirs.go.jp/data/pdf/prussian_blue.pdf

# 索　　引

## あ　行

アポトーシス
　　（プログラム細胞死）　57
アミフォスチン　88
α 壊変　6
α 線　13
　──の発見　4
アルミニウム含有制酸剤　93
安定核種　45
安定同位体　6
安定ヨウ素剤　96

Ex‐Rad　90
イオン対　23
一次イオン対　26
一次天然放射性核種　47
EDTA（エチレン
　　　ジアミン四酢酸）　93
遺伝的影響　69
EPR（電子常磁性共鳴）　37
　──の原理　38
eV（電子ボルト）　18
イメージングプレート　22, 33
印加電圧　25

宇宙線　47
ウラン　2

液体シンチレーション
　　　　　　カウンター　33
SI 単位（国際単位）　17
Sv（シーベルト）　17, 42
エチレンジアミン四酢酸
　　　　　　　（EDTA）　93
X 線　11
　──の発見　1

X 線写真　21
X 線フィルム　21
n 型半導体　29
n‐p 接合型半導体検出器　30
LET（線エネルギー付与）　57
LET 放射線　58
LNT 仮説　74

オートラジオグラフィー
　　　　　　　　　16, 20, 22
親核種　51

## か　行

ガイガー・ミュラー計数管
　　　　　　　　　　　16, 28
ガイガー領域　27
外部被ばく　75, 76
　──の防護　77
確定的影響　43, 65, 74
核分裂　14
確率的影響　43, 65, 74
加速器　15, 50
活性酸素・フリーラジカル　55
荷電粒子放射線　9
ガラスバッジ　23, 36
カリウム　49
感光作用　15
間接作用　55
γ 線　4, 12

吸収線量　39, 63, 81
急性障害（早期影響）　59, 66, 74
　──の症状　67
急性放射線症　66
吸入摂取　78
キュリー　3
局所被ばく　63

霧　箱　36
キレート剤　93

空乏層　29
クエンチングガス　28
グレイ（Gy）　17, 39
クーロン（C）　40

蛍光ガラス線量計　36, 83
蛍光作用　15
経口摂取　78
蛍光増感紙　22
決定器官　63
原　子　5
　──の模式図　5
原子核　5
原子番号　5
検出効率　41
原子炉　50
現　像　20

光輝尽性蛍光体　33
抗酸化酵素　45
抗酸化剤　86
高純度型半導体検出器　32
甲状腺　69
国際単位（SI 単位）　17
個人線量計　23
黒　化　20

## さ　行

最外殻電子（価電子）　6
再結合領域　25
酸素効果　56

C（クーロン）　40

# 索引

ジエチレントリアミン五酢酸
　　　　　（DTPA）　94
GM 計数管　16, 28
しきい線量（しきい値）
　　　　　　　65, 74
磁気モーメント　37
実効線量　43, 64, 81
実効線量係数　84
質量数　6
自発核分裂　14
CBLB502　89
シーベルト（Sv）　17, 42
ジメルカプロール　94
写真作用　15, 20
遮へい　53
修飾作用　55
ジュウテリウム（重水素）　6
重粒子線　15, 52
主　殻　6
準安定状態　34
照射線量　40
職業被ばく　78
Gy（グレイ）　17, 39
人工放射性核種　50
シンチレーション　15, 32
シンチレーションカウンター
　　　　　　　15, 32
シンチレーター　15, 32
水素（軽水素）　6

正　孔　29
生殖細胞　69
生体影響
　　——を考慮した単位　42
制動 X 線　11, 51
生物学的半減期　79
生物濃縮　59
セリウム線量計　35
線エネルギー付与→LET
線　質　76
全身被ばく　63
線スペクトル　12
潜　像　20
線量減少率（DRF）　86
線量限度　62
線量率効果　59

増殖死　57
組織加重係数　43, 64, 81

## た　行

体外計測法　84
体外被ばく　75
胎児への影響　66, 68
体内除去法
　　放射性物質の——　91
体内被ばく　75
ダイノード　32
体表面被ばく　75
WR-2721　88
単　位
　　——の接頭辞　17
炭　素　49
中性子　5
中性子線　11, 14, 52
腸肝循環　100
直接作用　55
治療剤　90

DRF（線量減少率）　86
TEMPOL　89
DNA（デオキシリボ核酸）　57
低線量放射線　45
DTPA（ジエチレントリアミン
　　　　　五酢酸）　94
デオキシリボ核酸（DNA）　57
デフェロキサミン（DFOA）　95
電　子　5
電子常磁性共鳴（EPR）　37
電子スピン　37
電子スピン共鳴（ESR）　37
電子線　15, 52
電子なだれ　26
電磁放射線　7, 11
電子捕獲（EC）　13, 51
電子ボルト（eV）　18
天然放射能　49
TEMPOL　89
電離作用　8, 16, 23
電離電流　23
電離箱　27
電離箱領域　25
電離放射線　8
　　——の種類　9

同位体（アイソトープ）　6
等価線量　43, 63, 81
特性 X 線　11, 51
トリチウム（三重水素）　6
ドリフト領域　30
トレーサー法　16

## な　行

内部被ばく　75, 78
　　——の経路　78
　　——の防護　79
鉛箔増感紙　22
二次イオン対　26
二次天然放射性核種　47
ネクローシス（壊死）　57
熱中性子線　23
熱ルミネッセンス線量計
　　　　　　　35, 83
年代測定　48

## は　行

バイアス電圧　29
バイオアッセイ法　84
バイオイメージング
　　アナライザー　34
π 中間子　52
π⁻中間子線　52
パルス電流　23
半減期　7
半導体　29
半導体検出器　30
半導体ダイオード　29
晩発障害（晩性影響）
　　　　　59, 66, 68
p 型半導体　29
非荷電粒子放射線　9
光輝尽性蛍光体　33
Bq（ベクレル）　17, 42
飛　跡
　　放射線の——　36

# 索　引

非破壊検査　21
被ばく線量　60
　——の測定　83
皮膚からの取込み　79
標準線源　42
表面障壁型半導体検出器　30
比例計数管　28
比例計数領域　26

不安定核種　46
フィルムバッジ　23, 83
不対電子　37
物理的半減期　79
プラトー　25
フリッケ線量計　35
フリーラジカル　37
プルシアンブルー　92, 100
プルトニウム　102
分裂死　57

ベクレル　2
ベクレル（Bq）　17, 42
ベクレル線　3
$\beta$ 壊変　6
　——の三つの形式　14
$\beta^+$ 壊変　13
$\beta^-$ 壊変　13
$\beta$ 線　13
　——の発見　4
D-ペニシラミン　95

放射壊変　6
放射性元素
　——の発見　3
放射性ストロンチウム　70, 100
　——の体内動態　100
放射性セシウム　70, 98
　——の体内動態　98
放射性同位体
　（ラジオアイソトープ）　6
放射性物質　4
　——の体内除去法　91
　——の発見　2
放射性ヨウ素　69, 95
　——の体内動態　96
放射線　4
　——の測定　19
　——の透過力　10
　——の発見　2
　——の飛跡　36
放射線加重係数　43, 63, 64, 81
放射線感受性　62
放射線緩和剤　90
放射線障害　59
　——の発生の歴史　74
放射線の分類　67
放射線照射　59
放射線抵抗性　87
放射線防御剤　85
　——の分類　88
放射線防護　42
放射線防護剤　88
放射線量
　——の単位　40
放射能　4, 42
　——の単位　41
放射能汚染　59
ポケット線量計　83
ホールボディーカウンター　84
ポロニウム　3

## ま〜ら行

娘核種　51

有効（実効）半減期　79
誘導核分裂　14
誘導天然放射性核種　47

陽　子　5
陽子線　15, 52
預託実効線量　82
預託線量　43, 82
預託等価線量　82

ラザフォード　4
ラジウム　4
ラジオグラフィー　20
ラジオフォトルミネッセンス　36
ラジオルミノグラフィー　34
ラドン　49

Liドリフト型半導体検出器　30
利尿剤　93
硫酸バリウム　93
粒子放射線　7, 13

励　起　9
連鎖反応　50
連続 X 線　11
連続放電領域　27
レントゲン　1

小澤　俊彦
1944年 埼玉県に生まれる
1974年 東京大学大学院薬学研究科
　　　　　　　　　　　博士後期課程 修了
現 横浜薬科大学薬学部 教授
専門 酸化ストレス，生物磁気化学
薬学博士

安西　和紀
1952年 山口県に生まれる
1977年 東京大学大学院薬学研究科
　　　　　　　　　　　博士前期課程 修了
現 日本薬科大学薬学部 教授
専門 酸化ストレス，放射線科学
薬学博士

松本　謙一郎
1969年 東京都に生まれる
1996年 昭和大学大学院薬学研究科
　　　　　　　　　　　博士後期課程 修了
現 放射線医学総合研究所 チームリーダー
専門 造影剤薬学，磁気共鳴計測学
博士(薬学)

---

第1版 第1刷 2012年11月15日 発行

## 放射線の科学
―― 生体影響および防御と除去 ――

© 2012

著　者　　小　澤　俊　彦
　　　　　安　西　和　紀
　　　　　松　本　謙　一　郎

発行者　　小　澤　美　奈　子

発　行　　株式会社 東京化学同人
東京都文京区千石3丁目36-7(〒112-0011)
電話 (03)3946-5311・FAX (03)3946-5316
URL: http://www.tkd-pbl.com/

印刷・製本　図書印刷株式会社

ISBN978-4-8079-0793-9
Printed in Japan
無断複写，転載を禁じます．

# 元素の周期表 (2012)

原子番号 → 1H ← 元素記号
元素名 → 水素
1.008 ← 原子量（質量数12の炭素(¹²C)を12とし、これに対する相対値とする）

| 族 | 1 | 2 | 3 | 4 | 5 | 6 | 7 | 8 | 9 | 10 | 11 | 12 | 13 | 14 | 15 | 16 | 17 | 18 |
|---|---|---|---|---|---|---|---|---|---|---|---|---|---|---|---|---|---|---|
| 周期 1 | 1H 水素 1.008 | | | | | | | | | | | | | | | | | 2He ヘリウム 4.003 |
| 2 | 3Li リチウム 6.941* | 4Be ベリリウム 9.012 | | | | | | | | | | | 5B ホウ素 10.81 | 6C 炭素 12.01 | 7N 窒素 14.01 | 8O 酸素 16.00 | 9F フッ素 19.00 | 10Ne ネオン 20.18 |
| 3 | 11Na ナトリウム 22.99 | 12Mg マグネシウム 24.31 | | | | | | | | | | | 13Al アルミニウム 26.98 | 14Si ケイ素 28.09 | 15P リン 30.97 | 16S 硫黄 32.07 | 17Cl 塩素 35.45 | 18Ar アルゴン 39.95 |
| 4 | 19K カリウム 39.10 | 20Ca カルシウム 40.08 | 21Sc スカンジウム 44.96 | 22Ti チタン 47.87 | 23V バナジウム 50.94 | 24Cr クロム 52.00 | 25Mn マンガン 54.94 | 26Fe 鉄 55.85 | 27Co コバルト 58.93 | 28Ni ニッケル 58.69 | 29Cu 銅 63.55 | 30Zn 亜鉛 65.38* | 31Ga ガリウム 69.72 | 32Ge ゲルマニウム 72.63 | 33As ヒ素 74.92 | 34Se セレン 78.96† | 35Br 臭素 79.90 | 36Kr クリプトン 83.80 |
| 5 | 37Rb ルビジウム 85.47 | 38Sr ストロンチウム 87.62 | 39Y イットリウム 88.91 | 40Zr ジルコニウム 91.22 | 41Nb ニオブ 92.91 | 42Mo モリブデン 95.96* | 43Tc テクネチウム (99) | 44Ru ルテニウム 101.1 | 45Rh ロジウム 102.9 | 46Pd パラジウム 106.4 | 47Ag 銀 107.9 | 48Cd カドミウム 112.4 | 49In インジウム 114.8 | 50Sn スズ 118.7 | 51Sb アンチモン 121.8 | 52Te テルル 127.6 | 53I ヨウ素 126.9 | 54Xe キセノン 131.3 |
| 6 | 55Cs セシウム 132.9 | 56Ba バリウム 137.3 | 57~71 ランタノイド | 72Hf ハフニウム 178.5 | 73Ta タンタル 180.9 | 74W タングステン 183.8 | 75Re レニウム 186.2 | 76Os オスミウム 190.2 | 77Ir イリジウム 192.2 | 78Pt 白金 195.1 | 79Au 金 197.0 | 80Hg 水銀 200.6 | 81Tl タリウム 204.4 | 82Pb 鉛 207.2 | 83Bi ビスマス 209.0 | 84Po ポロニウム (210) | 85At アスタチン (210) | 86Rn ラドン (222) |
| 7 | 87Fr フランシウム (223) | 88Ra ラジウム (226) | 89~103 アクチノイド | 104Rf ラザホージウム (267) | 105Db ドブニウム (268) | 106Sg シーボーギウム (271) | 107Bh ボーリウム (272) | 108Hs ハッシウム (277) | 109Mt マイトネリウム (276) | 110Ds ダームスタチウム (281) | 111Rg レントゲニウム (280) | 112Cn コペルニシウム (285) | 113Uut ウンウントリウム (284) | 114Fl フレロビウム (289) | 115Uup ウンウンペンチウム (288) | 116Lv リバモリウム (293) | 117Uus | 118Uuo ウンウンオクチウム (294) |

ランタノイド:
| 57La ランタン 138.9 | 58Ce セリウム 140.1 | 59Pr プラセオジム 140.9 | 60Nd ネオジム 144.2 | 61Pm プロメチウム (145) | 62Sm サマリウム 150.4 | 63Eu ユウロピウム 152.0 | 64Gd ガドリニウム 157.3 | 65Tb テルビウム 158.9 | 66Dy ジスプロシウム 162.5 | 67Ho ホルミウム 164.9 | 68Er エルビウム 167.3 | 69Tm ツリウム 168.9 | 70Yb イッテルビウム 173.1 | 71Lu ルテチウム 175.0 |

アクチノイド:
| 89Ac アクチニウム (227) | 90Th トリウム 232.0 | 91Pa プロトアクチニウム 231.0 | 92U ウラン 238.0 | 93Np ネプツニウム (237) | 94Pu プルトニウム (239) | 95Am アメリシウム (243) | 96Cm キュリウム (247) | 97Bk バークリウム (247) | 98Cf カリホルニウム (252) | 99Es アインスタニウム (252) | 100Fm フェルミウム (257) | 101Md メンデレビウム (258) | 102No ノーベリウム (259) | 103Lr ローレンシウム (262) |

ここに示した原子量は、実用上の原子量として、有効数字の価値を考えて、国際純正・応用化学連合（IUPAC）で承認された最新の原子量に基づく。本表による原子量は、同位体存在度の不確定さにあるいは人為的に起こりうる変動や実験誤差のために、元素ごとに異なる。したがって、個々の原子量の値は、正確度が保証された有効数字の桁数が大きく異なる。本表の原子量を引用する際には、このことに注意を喚起することが望ましい。なお、本表の原子の信頼性は有効数字の4桁目で±1以内であるが、例外として、*を付したものは±2、†を付したものは±3である。（市販品中のリチウム化合物の原子量は6.938から6.997の偏りをもつ。）安定同位体がなく、天然で特定の同位体組成を示さない元素については、その元素の放射性同位体の質量数の一例を（ ）内に示した。したがって、その値を原子量として扱うことはできない。

© 2012 日本化学会 原子量専門委員会